面向新工科的高等学校应用型人才培养规划教材

U0183907

信息技术应用实验教程

魏　哲　张　欢　戴　蓉◎主　编

马　婷　付茂洺◎副主编

刘晓东　华　漫　王　欣◎主　审

中国铁道出版社有限公司
CHINA RAILWAY PUBLISHING HOUSE CO., LTD.

内 容 简 介

　　本书是主教材《信息技术导论》的配套实验教材，也可单独使用。为提高学生信息技术操作能力，培养学生信息文化素养和计算思维能力，实现信息技术赋能教育，全书设计了 18 个实验，分为两大系列，即以计算机基本操作为主的实验系列和以培养计算思维为主的实验系列。其中，以计算机基本操作为主的实验系列包含 Windows 10 的系统设置、Windows 10 的文件操作、数据处理工具（文字处理软件 Word 2016、电子表格软件 Excel 2016、演示文稿 PowerPoint 2016）和计算机网络基本操作；以培养计算思维为主的实验系列包含进制转换基本操作、数据编码基本操作、Python 算法基本操作、数据分析基本操作和人工智能算法基本操作。

　　全书实验内容选取合理、实用新颖、难易适当，适合作为民用航空行业相关大学非计算机专业计算机信息技术的实验教材，也可作为各类从事民用航空行业工作人员的计算机信息技术参考书。

图书在版编目（CIP）数据

信息技术应用实验教程/魏哲，张欢，戴蓉主编. —北京：
中国铁道出版社有限公司，2020.8（2023.7 重印）
面向新工科的高等学校应用型人才培养规划教材
ISBN 978-7-113-27065-0

Ⅰ. ①信⋯　Ⅱ. ①魏⋯②张⋯③戴⋯　Ⅲ. ①电子计算机-
高等学校-教材　Ⅳ. ①TP3

中国版本图书馆 CIP 数据核字(2020)第 120782 号

书　　　名：信息技术应用实验教程
作　　　者：魏 哲　张 欢　戴 蓉

策　　　划：周海燕　　　　　　　　　编辑部电话：(010) 63549501
责任编辑：周海燕
封面设计：刘　莎
责任校对：张玉华
责任印制：樊启鹏

出版发行：中国铁道出版社有限公司（100054，北京市西城区右安门西街 8 号）
网　　址：http://www.tdpress.com/51eds/
印　　刷：三河市宏盛印务有限公司
版　　次：2020 年 8 月第 1 版　2023 年 7 月第 4 次印刷
开　　本：787 mm×1 092 mm 1/16　印张：10.75　字数：265 千
书　　号：ISBN 978-7-113-27065-0
定　　价：28.00 元

前　言

党的二十大报告指出，"推动战略性新兴产业融合集群发展，构建新一代信息技术、人工智能、生物技术、新能源、新材料、高端装备、绿色环保等一批新的增长引擎"。随着信息技术飞速发展和广泛应用，其已成为经济社会转型发展的主要驱动力。

信息技术的日益普及已经大大改变了人们的生活方式和思维方式，因此在瞬息万变的社会里，培养能适应社会需求和变化，掌握信息技术，运用计算思维方法认识问题、分析问题和求解问题的当代大学生，对于高等教育来说特别重要。为了熟练掌握信息技术的基本操作和培养计算思维创新意识，不仅需要系统地学习计算机信息技术基本理论，而且还必须加强信息技术的实验操作。

《信息技术应用实验教程》是《信息技术导论)》的配套实验教材，也可单独使用。为提高学生信息技术操作能力，培养学生信息文化素养和计算思维能力，实现信息技术赋能教育，全书设计了十八个实验，分为两大系列，即以计算机基本操作为主的实验系列和以培养计算思维为主的实验系列。其中，以计算机基本操作为主的实验系列包含 Windows 10 的系统设置、Windows 10 的文件操作、数据处理工具（文字处理软件 Word 2016、电子表格软件 Excel 2016、演示文稿 PowerPoint 2016）、计算机网络基本操作；以培养计算思维为主的实验系列包含进制转换基本操作、数据编码基本操作、Python 算法基本操作、数据分析基本操作、人工智能算法基本操作。

全书实验内容选取合理、难易适当，具有实用性、启发性和引导性的特点，各个实验由实验目的、实验内容和多个实验案例组成。通过实验有效强化对教材内容的理解与掌握，强化学生计算机的操作能力，引导学生获得分析问题和解决问题的计算思维方法，激发学生的创新意识，为学生进一步学习信息技术奠定坚实的基础。

本书由中国民用航空飞行学院魏哲、张欢、戴蓉任主编，由多年从事计算机基础教学工作的马婷、付茂洺任副主编，由刘晓东、华漫、王欣任主审，由魏哲统稿、定稿。

本书在编写过程中得到了中国民用航空飞行学院各级领导和同行专家的大力支持和帮助，中国民用航空飞行学院计算机学院的何元清、张中浩、周敏、潘磊、罗银辉、傅强、刘光志、徐国标、张娅岚、宋海军、李廷元、高大鹏、陈华英、宋劲、朱建刚、袁小珂、路晶、戴敏、钟晓、张建学、赵林静、张选芳等在资料收集和整理方面付出了辛勤的劳动。在出版过程中，中国民用航空飞行学院教务处给予了大力支持，在此一并表示衷心的感谢。

由于编者水平有限，书中难免存在疏漏和不足之处，敬请读者批评指正。

编　者

2023 年 7 月

目 录

实验一　Windows 10 的系统设置

实 验 目 的

① 掌握 Windows 10 "外观和个性化" 设置。
② 掌握 Windows 10 Internet 选项设置。
③ 掌握 Windows 10 "设置" 功能的使用。
④ 掌握 Windows 10 "控制面板" 的使用。

实 验 内 容

① Windows 10 主题和屏幕保护的设置。
② Windows 10 高级显示设置。
③ Windows 10 IP 设置。
④ Windows 10 主标签页、安全级别和配置网络连接设置。
⑤ Windows 10 进程卡死，启动 "任务管理器" 结束进程。
⑥ Windows 10 "设置" 功能删除程序及控制面板中删除程序。

实 验 案 例

【案例 1-1】Windows 10 "外观和个性化" 设置。
（1）单击 Windows 10 系统桌面左下角的 Windows 图标，如图 1-1 所示。

图 1-1　屏幕左下角的 "Windows" 图标

（2）选择"Windows 系统"→"控制面板"命令，如图 1-2 所示。

图 1-2　Windows 系统"控制面板"

（3）在打开的"控制面板"窗口中单击"外观和个性化"超链接，如图 1-3 所示。

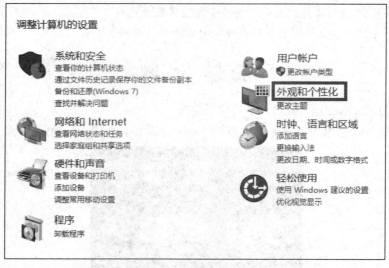

图 1-3　"外观和个性化"超链接

（4）主题设置。

① 单击"更改主题"超链接，如图 1-4 所示。

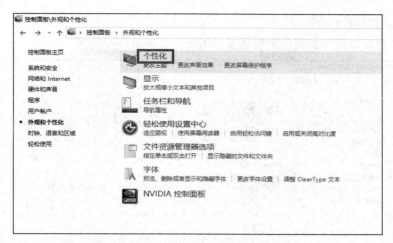

图 1-4　单击"更改主题"超链接

② 选择相应的主题，如图 1-5 所示。

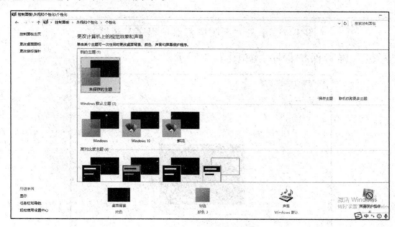

图 1-5　选择主题

③ 单击"联机获取更多主题"超链接可以下载更多主题，如图 1-6 所示。

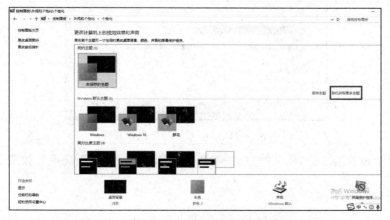

图 1-6　单击"联机获取更多主题"超链接

（5）更改屏幕保护程序。

① 单击"更改屏幕保护程序"超链接，如图1-7所示。

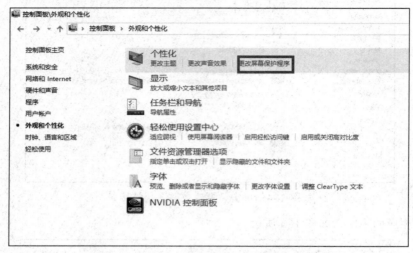

图1-7　单击"更改屏幕保护程序"超链接

② 选择"彩带"屏幕保护程序，如图1-8所示。

图1-8　选择"彩带"屏幕保护程序

③ 等待时间设置为2分钟，并勾选"在恢复时显示登录屏幕"选项，如图1-9所示。

图 1-9　设置等待时间

【案例 1-2】Windows 10 修改系统字体大小。

（1）单击 Windows 10 系统桌面左下角的 Windows 图标（见图 1-1）。

（2）在弹出的菜单中单击"设置"图标，如图 1-10 所示。

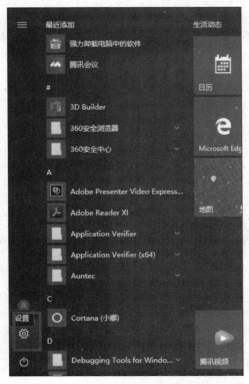

图 1-10　"设置"图标

（3）在弹出的"Windows 设置"界面中单击"系统"超链接，如图 1-11 所示。

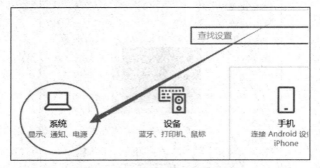

图 1-11　单击"系统"超链接

（4）在弹出的设置界面中单击"显示"超链接，如图 1-12 所示。

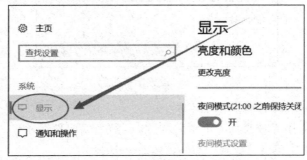

图 1-12　单击"显示"超链接

（5）单击右侧的操作栏中的"高级显示设置"超链接，如图 1-13 所示。

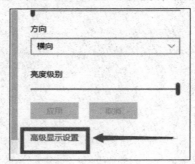

图 1-13　单击"高级显示设置"超链接

（6）在高级显示设置界面中单击"文本和其他项目大小调整的高级选项"超链接，如图 1-14 所示。

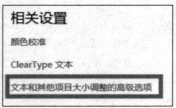

图 1-14　单击"文本和其他项目大小调整的高级选项"超链接

（7）在出现的界面中修改标题栏、图标等系统字体的大小，如图 1-15 所示，选择好后单击"应用"按钮即可，如图 1-16 所示。

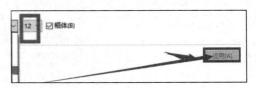

图 1-15　修改图标的字体大小　　　　　　　　图 1-16　单击"应用"按钮

【案例 1-3】Windows 10 设置 IP。

（1）单击 Windows 10 系统桌面左下角的 Windows 图标（见图 1-1）。

（2）选择"Windows 系统"→"控制面板"命令（见图 1-2）。

（3）在打开的"控制面板"窗口中选择"网络和 Internet"选项，如图 1-17 所示。

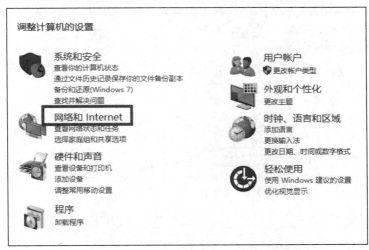

图 1-17　"网络和 Internet"

（4）在打开的"网络和 Internet"窗口中单击"网络和共享中心"超链接，如图 1-18 所示。

图 1-18　"网络和共享中心"窗口

（5）在"网络和共享中心"窗口中单击"更改适配器设置"超链接，如图 1-19 所示。

图 1-19　单击"更改适配器设置"超链接

（6）在"网络连接"窗口中显示本地连接列表，右击正在使用的本地连接，在弹出的快捷菜单中选择"属性"命令，如图 1-20 所示。

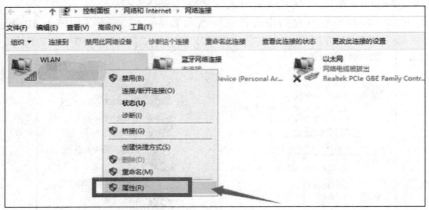

图 1-20　菜单中的"属性"命令

（7）在打开的属性窗口中勾选"Internet 协议版本 4（TCP/IPv4）"复选框，如图 1-21 所示。

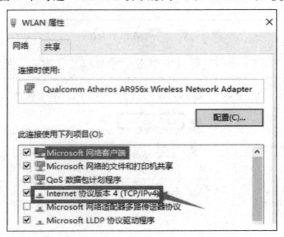

图 1-21　勾选"Internet 协议版本 4（TCP/IPv4）"复选框

（8）在打开的"Internet 协议版本 4（TCP/IPv4）属性"对话框中选择"使用下面的 IP 地址"单选按钮，输入 IP 地址、子网掩码及默认网关即可，如图 1-22 所示。

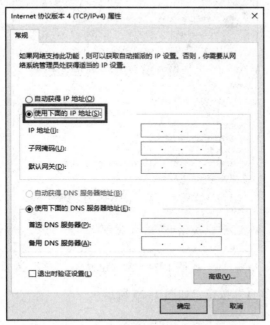

图 1-22　"使用下面的 IP 地址"设置

【案例 1-4】Windows 10 的 Internet 选项设置。

（1）单击 Windows 10 系统桌面左下角的 Windows 图标（见图 1-1）。

（2）选择"Windows 系统"→"控制面板"命令（见图 1-2）。

（3）在打开的"控制面板"窗口中单击"网络和 Internet"超链接（见图 1-17）。

（4）在"网络和 Internet"窗口中单击"Internet 选项"超链接，如图 1-23 所示。

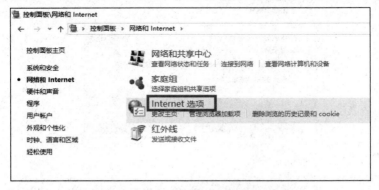

图 1-23　单击"Internet 选项"超链接

（5）修改主标签页。

① 在"Internet 属性"对话框中选择"常规"选项卡，即可进入常规设置，如图 1-24 所示。

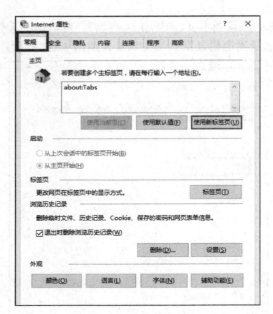

图 1-24　常规设置

② 单击"使用新标签页"按钮，如图 1-25 所示。

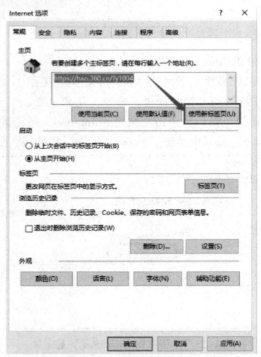

图 1-25　"使用新标签页"按钮

③ 输入新标签页的地址，单击"应用"按钮，单击"确定"按钮即可成功修改主标签页，如图 1-26 所示。

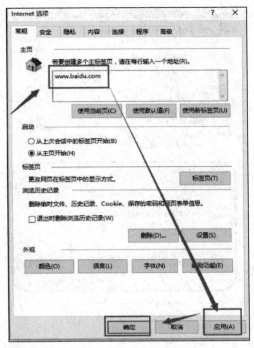

图 1-26 修改主标签页

（6）配置 Internet 安全级别。

① 在"Internet 属性"对话框中选择"安全"选项卡，如图 1-27 所示。

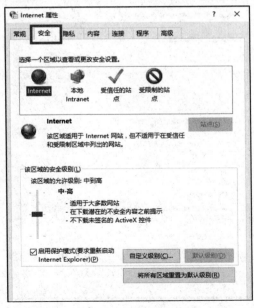

图 1-27 "安全"选项卡

② 添加可信任站点和设置安全级别，如图 1-28 所示。

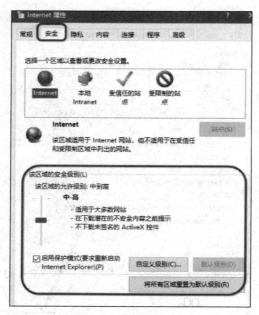

图 1-28　设置安全级别

（7）配置网络连接。

① 在"Internet 属性"对话框中选择"连接"选项卡，如图 1-29 所示。

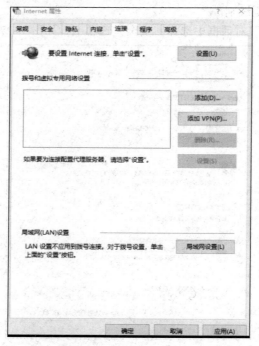

图 1-29　"连接"选项卡

② 单击"局域网设置"按钮，弹出"局域网（LAN）设置"对话框，可以调整 IE 的连接配置，如图 1-30 所示。

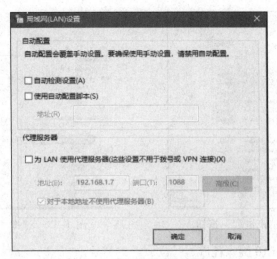

图 1-30   "局域网设置"属性

【案例 1-5】Windows 10 进程卡死，启动"任务管理器"结束进程。

（1）右击任务栏，在弹出的快捷菜单中选择"任务管理器"命令，如图 1-31 所示或按【Ctrl+Alt+Delete】组合键。

图 1-31   选择"任务管理器"命令

（2）选中卡死的进程，然后单击对话框右下角的"结束进程"按钮，即可关闭运行的后台程序，如图 1-32 所示。结束当前进程也可以直接右击运行的进程，在弹出的快捷菜单中选择"结束任务"命令，如图 1-33 所示。

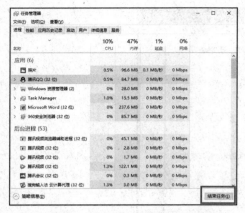

图 1-32　单击"结束进程"按钮　　　　图 1-33　选择"结束任务"命令

【案例 1-6】Windows 10 删除程序。

方法一：

（1）单击 Windows 10 系统桌面左下角的 Windows 图标（见图 1-1）。

（2）在弹出的菜单中单击"设置"图标（见图 1-10）。

（3）打开 Windows 设置界面，单击"系统"选项，如图 1-34 所示。

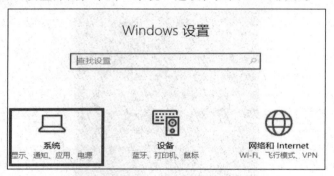

图 1-34　Windows 设置单击"系统"

　　（4）在左侧列表中单击"应用和功能"，右侧界面可以查找计算机上已安装的应用软件，如图 1-35 所示，找到需要卸载的软件，单击"卸载"按钮，如图 1-36 所示。

图 1-35　"应用和功能"界面　　　　　图 1-36　卸载软件

方法二：

（1）单击 Windows 10 系统桌面左下角的 Windows 图标（见图 1-1）。

（2）选择"Windows 系统"→"控制面板"命令（见图 1-2）。

（3）在"控制面板"窗口中单击"程序"超链接，如图 1-37 所示。

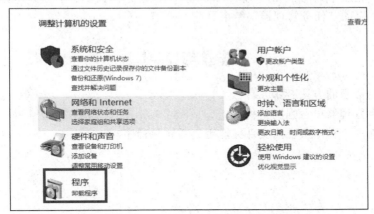

图 1-37　单击"程序"超链接

（4）单击"程序和功能"选项组中的"卸载程序"超链接，如图 1-38 所示。

图 1-38　单击"卸载程序"超链接

（5）在卸载程序窗口，找到需要卸载的程序软件，单击"卸载"超链接即可，如图 1-39 所示。

图 1-39　单击"卸载"超链接

实 训 项 目

【实训 1-1】将 Windows 桌面设置成自己喜欢的主题和屏幕保护程序。

【实训 1-2】完成【案例 1-2】修改 Windows 10 系统字体大小。

【实训 1-3】启动 "任务管理器" 结束目前的进程。

思考与练习

① 启动控制面板的方法有哪几种？

② 启动任务管理器可否强制关机？

③ 直接删除一个程序所在的文件夹能否完整删除程序？

实验二 Windows 10 的文件操作

实 验 目 的

① 掌握 Windows 10 文件和文件夹的基本操作方法。
② 掌握 Windows 10 管理文件和文件夹的方法。
③ 掌握 Windows 10 搜索文件和文件夹的方法。

实 验 内 容

① Windows 10 文件夹的建立、移动与复制。
② Windows 10 文件夹的压缩。
③ Windows 10 文件及文件夹的属性设置与查看。
④ Windows 10 文件及文件夹的重命名及扩展名的更改。
⑤ Windows 10 搜索指定名称或指定扩展名文件的操作方法。
⑥ Windows 10 文件及文件夹快捷方式的建立。

实 验 案 例

【案例 2-1】在 D 盘建立图 2-1 所示的"李飞的个人资料"目录及图示子目录。

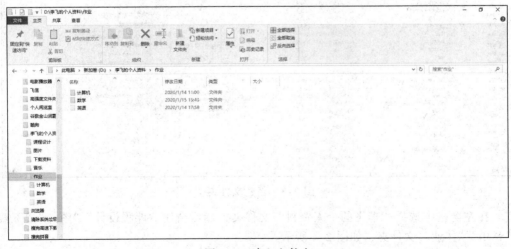

图 2-1 建立文件夹

（1）打开"此电脑"窗口。

双击桌面上的"此电脑"图标，打开"此电脑"窗口，如图 2-2 所示。

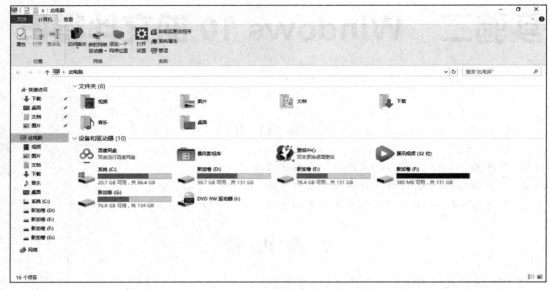

图 2-2 "此电脑"窗口

（2）新建文件夹。

① 在"此电脑"窗口的左窗格中选中 D 盘，在右窗格空白处右击，在弹出的快捷菜单中选择"新建"→"文件夹"命令（见图 2-3），然后将新建的文件夹重命名为"李飞的个人资料"。

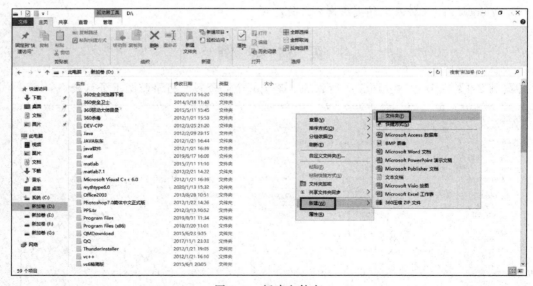

图 2-3 新建文件夹

② 在左窗格中选择"李飞的个人资料"文件夹，然后新建"课程设计""图片""下载资料""音乐""作业"文件夹，如图 2-4 所示。

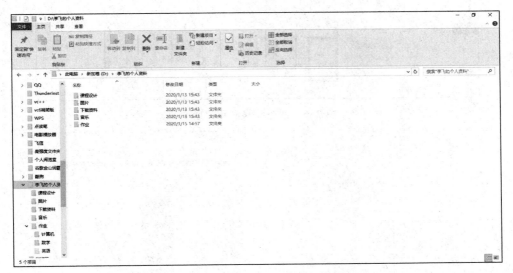

图 2-4　建立文件夹

③ 在左窗格中选择"作业"文件夹，然后新建"计算机""数学""英语"子文件夹，如图 2-5 所示。

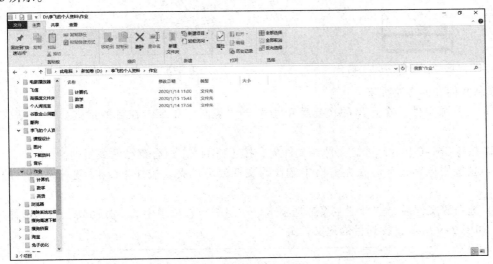

图 2-5　建立文件夹

（3）复制与移动文件夹。

移动文件夹的方法如下：

① 选中源文件后右击，在弹出的快捷菜单中选择"剪切"命令，在目的地选择"粘贴"命令粘贴。

② 按【Ctrl+X】组合键复制源文件或文件夹，按【Ctrl+V】组合键粘贴到目的文件夹。

③ 直接用鼠标拖动。左窗格中选择源文件或文件夹，直接拖动或按住【Shift】键拖动到目的地。

④ 选中源文件后，选择"主页"选项卡"组织"选项组中的"移动到"→"选择位置"命令，如图 2-6 和 2-7 所示，弹出"移动项目"对话框，找到目的地文件夹，如图 2-8 所示。

图 2-6　选择"移动到"选项

图 2-7　选择"选择位置"命令

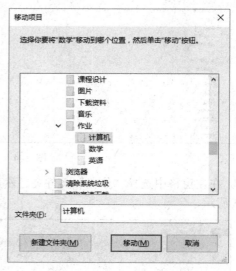

图 2-8　"移动项目"对话框

复制文件夹的方法如下：

① 右击源文件，在弹出的快捷菜单中选择"复制"命令，在目的地选择"粘贴"命令粘贴。

② 按【Ctrl+C】组合键源文件或文件夹，按【Ctrl+V】组合键粘贴到目的。

③ 直接用鼠标拖动。在左窗格中选择源文件或文件夹，按住【Ctrl】键拖动到目的地文件夹。

④ 选中源文件后，选择"主页"选项卡→"组织"选项组中的"复制到"→"选择位置"命令，如图 2-9 所示，找到目的地文件夹。

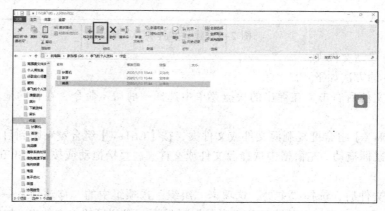

图 2-9　主页选项卡中的"复制到"命令

【案例 2-2】压缩文件夹。

（1）右击要压缩的文件夹，如"作业"中的"数学"文件夹。

（2）在弹出的快捷菜单中选择"添加到压缩文件"命令，如图 2-10 所示，选择好压缩格式，单击"确定"按钮即可完成压缩。

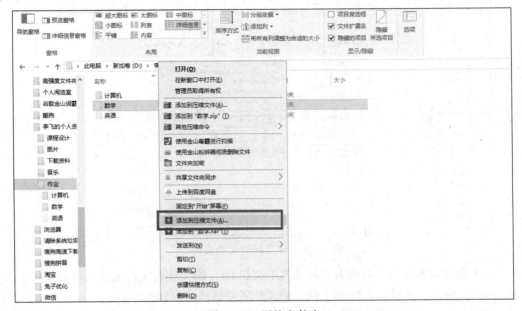

图 2-10　压缩文件夹

（3）如果需要设置密码，则需要进入"添加密码"页面进行设置，如图 2-11 所示。

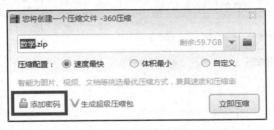

图 2-11　添加密码

（4）压缩完成即可得到一个压缩包，名字默认是源文件夹的名字。双击打开即可看到其中包含的文件夹。

【案例 2-3】文件及文件夹的属性设置与查看。

（1）设置新建文件的属性。

① 新建文本文档 test.txt。

a. 单击"李飞的个人资料"，在展开的子文件夹列表中单击"作业"，在展开的子文件夹列表中单击"英语"，在右边窗格空白处右击，在弹出的快捷菜单中选择"新建"→"文本文档"命令，如图 2-12 所示。

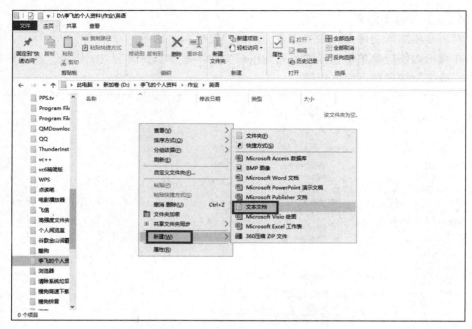

图 2-12　建立新的文本文档

b. 系统会自动建立一个名称为"新建文本文档.txt"的文件且文件名处于可编辑状态，如图 2-13 所示，输入 test 后按【Enter】键，则文件名即被修改为 test。

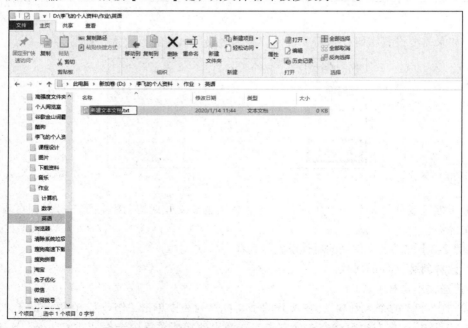

图 2-13　新建的"新建文本文档.txt"文件

② 设置 test.txt 的属性为隐藏属性。

a. 右击 test.txt，在弹出的快捷菜单中选择"属性"命令，如图 2-14 所示，弹出"test.txt

属性"对话框，选择"常规"选项卡，可以把文档属性设置为"只读""隐藏"，如图 2-15 所示，单击"高级"按钮，在弹出的"高级属性"对话框中选择"可以存档文件夹"复选框，如图 2-16 所示。

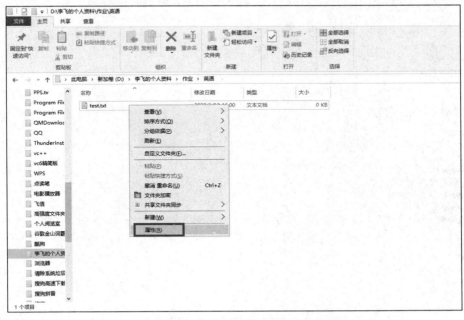

图 2-14　属性设置

图 2-15　设置"隐藏"属性

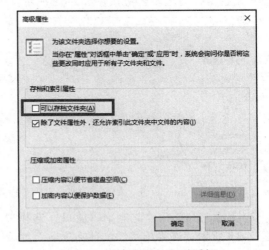

图 2-16　"高级属性"对话框

　　b. 选中"隐藏"复选框，单击"确定"按钮，文件即被隐藏，并且从窗口中消失，如图 2-17 所示。

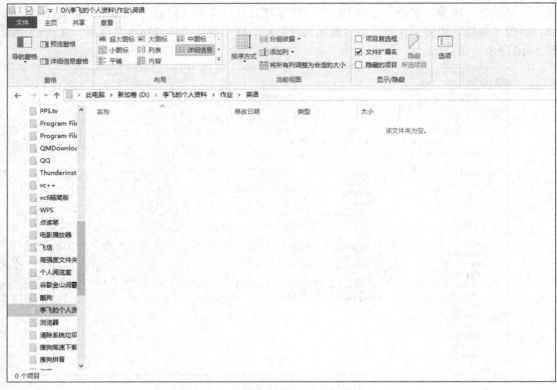

图 2-17　test.txt 文件隐藏后的效果

（2）查看隐藏的文件。

① 方法一：打开一个文件夹，选择"查看"选项卡→"显示/隐藏"选项组中的"隐藏的项目"复选框，勾选该选项，如图 2-18 所示。

图 2-18　勾选"隐藏的项目"复选框

② 方法二：打开"此电脑"窗口，选择"文件"→"更改文件夹和搜索选项"命令，如图 2-19 所示。在弹出的"文件夹选项"对话框中选择"查看"选项卡，向下拖动"高级设置"列表框的滚动条，找到"隐藏文件和文件夹"选项，如图 2-20 所示。选中"显示隐藏的文件、文件夹和驱动器"单选按钮，如图 2-21 所示，单击"确定"按钮，文档将显示出来。

图 2-19　选择"更改文件夹和搜索选项"命令

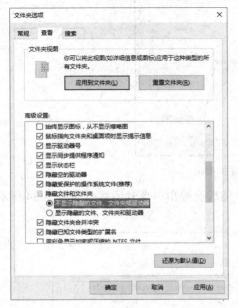

图 2-20　"隐藏文件和文件夹"选项设置

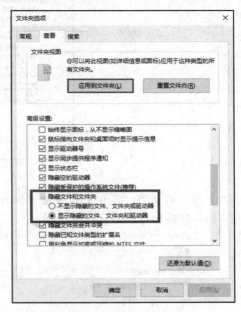

图 2-21　显示文件和文件夹

【案例 2-4】将文档 test.txt 重命名为 test.bak。

（1）显示文档的扩展名。

① 方法一：打开一个文件夹，选择"查看"选项卡→"显示/隐藏"选项组中的"文件扩展名"复选框，如图 2-22 所示。之后，就可以看到文档的扩展名显示出来了。

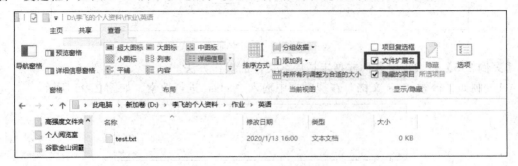

图 2-22　显示文件扩展名

② 方法二：打开"此电脑"窗口，选择"文件"→"选项"命令，弹出"文件夹选项"对话框。选择"查看"选项卡。取消勾选"隐藏已知文件类型的扩展名"复选框，如图 2-23 所示。

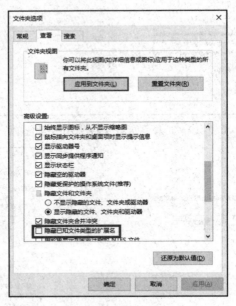

图 2-23　显示文件扩展名

（2）重命名文档，将 test.txt 重命名为 test.bak，随后会弹出一个对话框，如图 2-24 所示，单击"是"按钮即可。

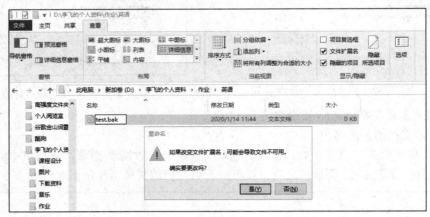

图 2-24　文档重命名

【案例 2-5】搜索指定名称或指定扩展名文件的操作方法。

（1）例如，搜索 class 文档，在搜索框中输入 *.class 进行搜索，如图 2-25 所示。

图 2-25　搜索 class 文档

（2）例如，搜索 Word 文档，在搜索框中输入 *.docx 进行搜索，如图 2-26 所示。

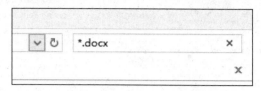

图 2-26　搜索 Word 文档

（3）例如，搜索文件夹中所有第二个字母为 q 的 Word 文档，在搜索框中输入？q*.docx 进行搜索，如图 2-27 所示。

图 2-27　搜索第二个字母为 q 的 Word 文档

【案例 2-6】为"数学"文件夹下的 sql.txt 建立名为 sql-bak.txt 的快捷方式，并放在"计算机"文件夹下。

（1）方法一：

① 右击"数学"文件夹下的 sql.txt，在弹出的快捷菜单中选择"创建快捷方式"命令，如图 2-28 所示。

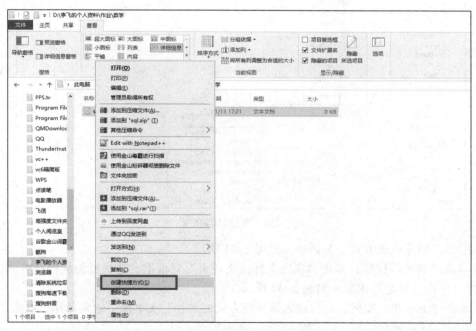

图 2-28　创建快捷方式

② 重命名创建的快捷方式，如图 2-29 所示。

图 2-29　重命名快捷方式

③ "剪切"创建的快捷方式，打开"计算机"文件夹将剪切的文件夹粘贴到相应的文件夹下。

（2）方法二：

① 右击要创建快捷方式的位置，在弹出的快捷菜单中选择"新建"→"快捷方式"命令，如图 2-30 所示。

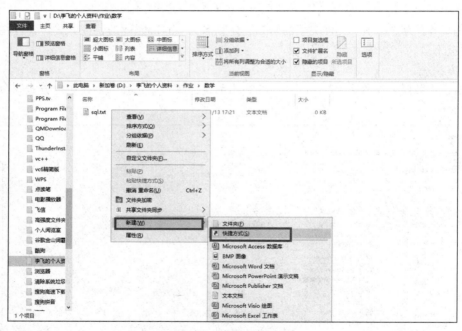

图 2-30　新建快捷方式

② 弹出"创建快捷方式"对话框，如图 2-31 所示。

③ 单击"浏览"按钮，弹出"浏览文件或文件夹"对话框，选择要创建快捷方式的应用程序文件，单击"确定"按钮，如图 2-32 所示。

④ 单击"下一步"按钮，在"键入该快捷方式的名称"文本框中输入名称，单击"完成"按钮，如图 2-33 所示。

⑤ 剪切创建的快捷方式，打开"计算机"文件夹将剪切的快捷方式粘贴到相应的文件夹下。

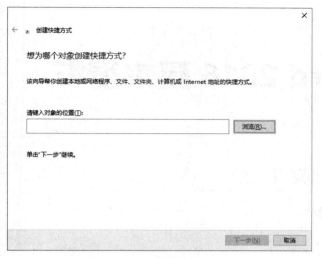

图 2-31 "创建快捷方式"对话框

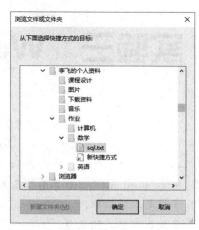

图 2-32 选择要创建快捷方式的应用程序文件

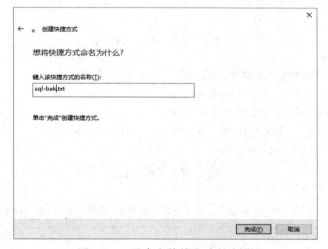

图 2-33 重命名快捷方式的名称

实 训 项 目

【实训 2-1】完成【案例 2-3】文件及文件夹的属性设置与查看。

【实训 2-2】完成【案例 2-6】文件夹快捷方式的建立。

【实训 2-3】设置 Windows 10 系统,将文件的扩展名隐藏。

思考与练习

① 直接删除一个程序所在的文件夹能否完整删除程序?

② 利用"系统"窗口查看硬件设备,如果看到黄色的问号图标意味着什么?

③ 隐藏文件和将文件放到回收站有什么区别?

实验三　Word 2016 基本操作

实验目的

① 熟悉 Word 2016 窗口界面及基本操作。
② 掌握文本的编辑。
③ 掌握基本格式的设置。
④ 掌握文档中常见特殊格式的应用。

实验内容

① Word 2016 文档的打开与保存、文档属性的查看与设置。
② 文本的选定、复制、移动、删除与替换。
③ 字符格式、段落格式及页面格式的设置。
④ 项目符号与编号、底纹与边框、首字下沉、分栏、水印的应用。

实验案例

【案例 3-1】打开文档"论文.docx",完成如下基本格式设置,完成后的文档如图 3-1 所示。

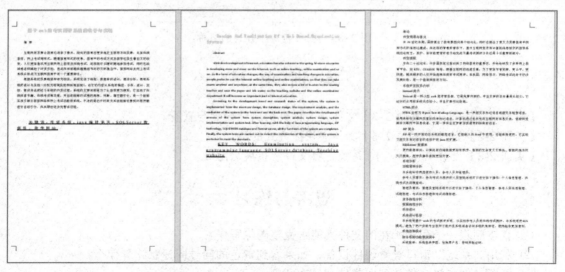

图 3-1　本例效果

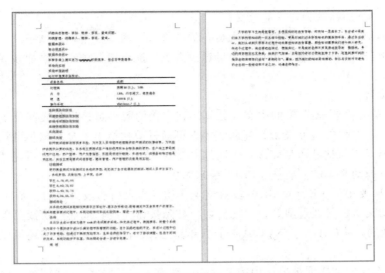

图 3-1　本例效果（续）

（1）打开文档。

打开已存在的文档"论文.docx"主要有如下两种方式。

方法一：找到文档"论文.docx"存储的位置，双击该文档的图标，同时打开 Word 应用程序窗口与文档窗口。

方法二：打开 Word 2016 应用程序，选择"文件"→"打开"选项，弹出"打开"对话框，找到并打开"论文.docx"文档。

（2）查看并修改文档属性。

① 选择"文件"→"信息"选项，在右侧窗格"属性"区域，可以查看本文档大小、页数、字数、编辑时间总计等信息，如图 3-2 所示。

图 3-2　"信息"选项卡

② 在属性中添加标题为"毕业论文"。

③ 修改作者为"王一"。在"相关人员"的"作者"文本框中输入"王一"即可。若还有第二作者，可单击"添加作者"填写，也可通过右侧"通讯簿"搜索并添加联系人，如图 3-2 所示。

（3）文本编辑。

① 将"中英文摘要.txt"中的中文部分复制到文档的第一页；将英文部分复制到文档的第二页。与 Windows 文件的复制类似，复制文本也可通过剪贴板上的复制与粘贴按钮完成；或通过快捷菜单中的复制与粘贴命令完成；或通过【Ctrl+C】与【Ctrl+V】组合键完成；若在同一文档中还可以通过拖动文本的同时按【Ctrl】键来完成。

② 将英文摘要中的 KEY WORDS 段落整个移动到本页所有段落之后。与 Windows 文件的移动类似，移动文本也可通过剪贴板上的剪切与粘贴按钮完成；或通过快捷菜单中的剪切与粘贴命令完成；或通过【Ctrl+X】与【Ctrl+V】组合键完成；若在同一文档中还可以通过直接拖动文本完成。

③ 将第 1 页（中文摘要部分）中的"网络"替换为"互联网"。选中第 1 页的文字，选择"开始"选项卡→"编辑"选项组的"替换"命令，弹出"查找和替换"对话框的"替换"选项卡，在"查找内容"文本框中输入"网络"，在"替换为"文本框中输入"互联网"，单击"全部替换"按钮，如图 3-3 所示。在弹出的系统提示对话框"Word 已完成对所选内容的搜索，共替换 4 处。是否搜索文档的其余部分？"时，单击"否"按钮，如图 3-4 所示。

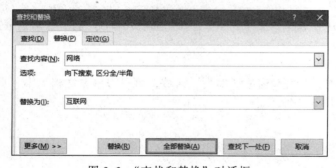

图 3-3 "查找和替换"对话框

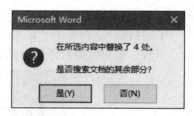

图 3-4 "提示"对话框

（4）字符及段落格式设置。

① 设置全文两端对齐，首行缩进 2 字符，行间距 18 磅，段前及段后间距均为 0 行。按【Ctrl+A】组合键全选整篇文档，单击"开始"选项卡→"段落"选项组右下方的对话框启动器，弹出"段落"对话框→"缩进和间距"选项卡。在"常规"→"对齐方式"中选择"两端对齐"选项；在"缩进"→"特殊格式"中选择"首行缩进"选项，在右侧"磅值"中设置"2 字符"；在"间距"→"段前" / "段后"中均设置为 0 行；在"行距"中选择"固定值"选项，在右侧"设置值"中设置 18 磅，如图 3-5 所示。

② 设置中文摘要第一段文字"基于 Web 的考试测评系统的设计与实现"为：宋体、三号、红色、加粗、黄色轮廓。在"开始"选项卡→"字体"选项组的"字体"下拉列表框中选择宋体；在"字号"下拉列表框中选择三号；在"字体颜色"下拉列表中选择标准色红色；单击"加粗"按钮；在"文本效果和版式"列表中选择"轮廓"并在弹出的下级列表中选择标准色黄色，如图 3-6 所示。

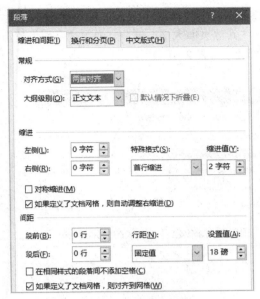

图 3-5　"段落"对话框

图 3-6　文本效果和版式列表

③ 设置中文摘要最后一段"关键词……"为：中文宋体、西文 Times New Roman、12.5 磅、加双线下画线、字符间距加宽 3 磅。单击"开始"选项卡→"字体"选项组右下方的对话框启动器，弹出"字体"对话框→"字体"选项卡。在"中文字体"下拉列表框中选择宋体；在"西文字体"下拉列表框中选择 Times New Roman；在字号框中输入 12.5；在"下画线线型"下拉列表框中选择双线，如图 3-7 所示。在"字体"对话框→"高级"选项卡中的"间距"下拉列表框中选择加宽；在右侧"磅值"中修改为 3 磅，如图 3-8 所示。

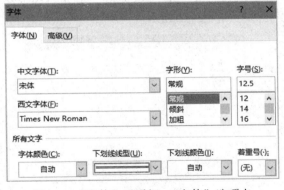

图 3-7　"字体"对话框-"字体"选项卡

图 3-8　"字体"对话框-"高级"选项卡

④ 利用格式刷为英文摘要做类似中文摘要的格式设置。选中或将光标置于中文摘要第一段，单击"开始"选项卡→"剪贴板"选项组中的"格式刷"按钮 ✍，待光标变为刷子样式刷过英文摘要第一段。同理，利用格式刷复制中文摘要最后一段格式到英文摘要最后一段。

注：若双击格式刷，则可多次复制同一格式；格式复制结束后只需再单击一次"格式刷"按钮（或按【Esc】键）即可。

（5）页面设置。

① 设置文档纸张大小为 A4。单击"布局"选项卡→"页面设置"选项组中的"纸张大小"，

下拉按钮，在弹出的列表中选择"A4"选项，如图 3-9 所示。

注：若所需纸张大小未在列表中列出，则可选择"其他页面大小"选项，弹出"页面设置"对话框→"纸张"选项卡，自行设置文档的高度与宽度，如图 3-10 所示。

图 3-9　纸张大小列表　　　　图 3-10　"页面设置"对话框-"纸张"选项卡

② 设置页边距为上下各 2 厘米，左右各 3 厘米。选择"布局"选项卡→"页面设置"选项组中的"页边距"下拉按钮，选择"自定义边距"选项，弹出"页面设置"对话框→"页边距"选项卡，设置上、下、左、右页边距，如图 3-11 所示。

③ 设置文档每页 45 行，每行 40 个字符。单击"布局"选项卡→"页面设置"选项组右下方的对话框启动器，弹出"页面设置"对话框→"文档网格"选项卡，选择"指定行和字符网格"单选按钮后，即可设置每页行数与每行字符数，如图 3-12 所示。

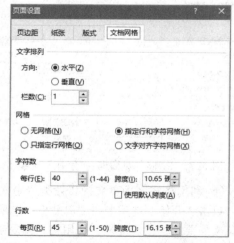

图 3-11　"页面设置"对话框-"页边距"　　　图 3-12　"页面设置"对话框-"文档网格"
　　　　　　　选项卡　　　　　　　　　　　　　　　　　选项卡

【案例 3-2】打开文档"论文.docx"，完成如下特殊格式设置，完成后的文档如图 3-13 所示。

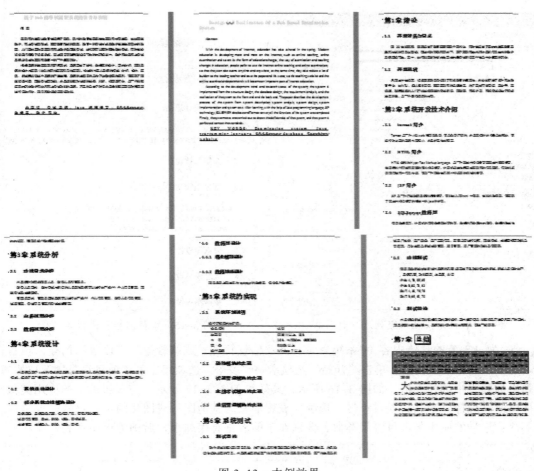

图 3-13　本例效果

（1）项目符号与编号。

① 创建图 3-14 所示的多级列表。将鼠标定位在第 3 页"绪论"处，单击"开始"选项卡→"段落"选项组中的"多级列表"下拉按钮，在弹出的列表中选择"定义新的多级列表"选项，弹出"定义新多级列表"对话框，选择要修改的级别为 1，并将其编号格式修改为"第 1 章"，单击右侧"字体"按钮，在弹出的对话框中将其设置为加粗，单击"更多"按钮，在右侧出现的选项中选择"将级别链接到样式"为标题 1，如图 3-14 所示；类似的，依次设置第 2 级与第 3 级列表格式选择要修改的级别为 2，将其对齐位置设置为 0 厘米，文本缩进位置设置为 0.7 厘米，同样设置为加粗，再选择"将级别链接到样式"为标题 2；选择要修改的级别为 3，将其对齐位置设置为 0 厘米，文本缩进位置设置为 1.0 厘米，再选择"将级别链接到样式"为标题 3。完成效果如图 3-15 所示。

② 为文中彩色文字应用多级列表。选中论文正文中红色文字如"绪论"，单击"多级列表"列表中新设置的列表方案，即可设置为 1 级列表，利用格式刷将其余红色文字均设置为 1 级列表；选中蓝色文字，先设置为 1 级列表再利用【Tab】键可将其降为 2 级列表；依此类推，将绿色文字设置为 3 级列表，其效果如图 3-15 所示。可利用格式刷简化该部分操作。

注：也可以利用【Shift+Tab】组合键升级列表级别。

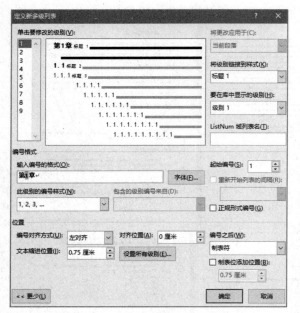

图 3-14 "定义新多级列表"对话框

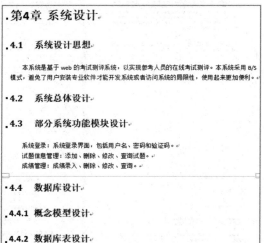

图 3-15 本例多级列表设置效果

③ 为 4.3 节的具体内容("系统登录、试题信息管理、成绩管理"三段)添加菱形项目符号。选中该部分三段内容,单击"开始"选项卡→"段落"选项组中的"项目符号"下拉按钮,在弹出的列表中选择菱形,如图 3-16 所示,其效果如图 3-17 所示。与多级编号的应用类似,也可以通过选择"定义新项目符号"选项,设置形状为其他图形或图片的项目符号。

注:编号的应用与项目符号类似,区别在于前者是有序列表,后则为无序列表。

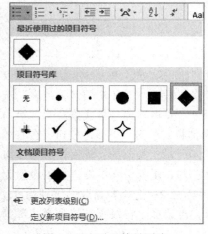

图 3-16 项目符号列表

图 3-17 本例项目符号设置效果

(2)边框与底纹。

① 为第 7 章标题"总结"二字设置红色 1 磅阴影边框。选中"总结"二字(注意不要选中其后的段落标记),单击"开始"选项卡→"段落"选项组中的"边框和底纹"按钮(此处默认为下框线按钮,可通过单击其右侧箭头在下拉菜单中选择"边框和底纹"命令),弹出"边框

和底纹"对话框→"边框"选项卡，选择"颜色"为红色，"宽度"为 1 磅，"设置"为阴影，"应用于"为文字，如图 3-18 所示。

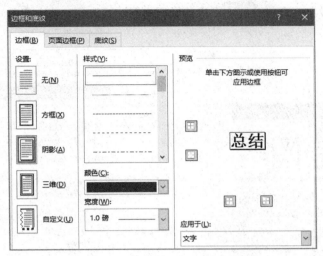

图 3-18　"边框"选项卡

② 为第 7 章内容段落设置蓝色 0.5 磅方框边框，并填充浅蓝底纹，加 10%黄色图案样式。选中第 7 章内容段落，在"边框和底纹"对话框→"边框"选项卡中，选择"颜色"为蓝色，"宽度"为 0.5 磅，"设置"为方框，"应用于"为段落；在"边框和底纹"对话框→"底纹"选项卡中，选择"填充"为浅蓝色，样式为 10%，颜色为黄色，"应用于"为段落，如图 3-19 所示。

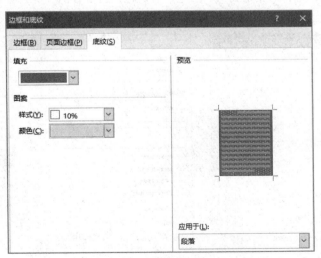

图 3-19　"底纹"选项卡

（3）首字下沉、分栏与水印。

① 为本文最后一段设置首字下沉两行。选中最后一段，单击"插入"选项卡→"文本"选项组中的"首字下沉"下拉按钮，在下拉菜单中选择"首字下沉"选项命令，弹出"首字下沉"对话框，选择"位置"为下沉，选择"下沉行数"为 2，如图 3-20 所示。

② 将最后一段设置为分等宽 2 栏并加分隔线。选中最后一段，单击"布局"选项卡→"页面设置"选项组中的"分栏"下拉按钮，在下拉菜单中选择"更多分栏"命令，弹出"分栏"对话框，选择"预设"为两栏，选中下方"栏宽相等"复选框，选中右侧"分隔线"复选框，如图 3-21 所示。

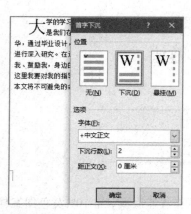

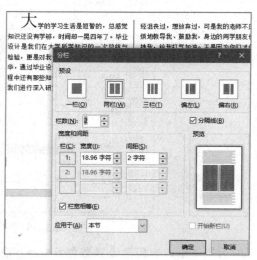

图 3-20 "首字下沉"对话框　　　　　　　图 3-21 "分栏"对话框

③ 添加水印"毕业论文"。单击"设计"选项卡→"页面背景"选项组中的"水印"下拉按钮，在下拉菜单中选择"自定义水印"命令，弹出"水印"对话框中，选择"文字水印"单选按钮，设置"文字"为"毕业论文"，"颜色"为黄色，选中右侧"半透明"复选框，如图 3-22所示。完成后，每一页均有相同水印，如图 3-23 所示。

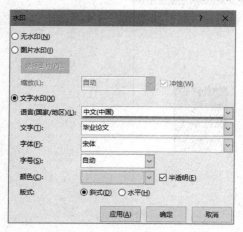

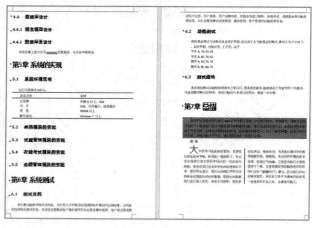

图 3-22 "水印"对话框　　　　　　　图 3-23 本题效果

注：在"设计"选项卡中，还可以设置文档的整体格式，即"主题"，其中包括不同的文档样式，颜色配置、字体设定、段落间距和效果等，使用户操作更便捷。

（4）保存文档。

① 单击快速访问工具栏中的"保存"按钮可以在原位置以原文件名保存文档（也可以选

择"文件"→"保存"命令完成）。若第一次创建的文档并未保存过，则该操作也会转到"另存为"窗口。

② 选择"文件"→"另存为"命令，弹出"另存为"对话框，在其中选择保存位置后，修改文档名、文件类型等完成文档保存操作，如图 3-24 所示。

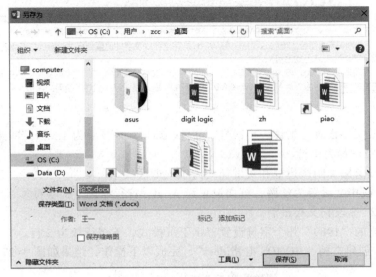

图 3-24　"另存为"对话框

③ 在"另存为"对话框中，单击"工具"下拉按钮，在下拉菜单中选择"常规选项"命令，弹出"常规选项"对话框，可以为文档设置打开时的密码及修改文件时的密码，如图 3-25 所示。

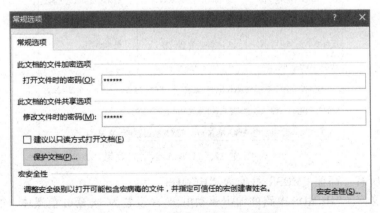

图 3-25　"常规选项"对话框

实 训 项 目

【实训 3-1】创建文档"手抄报.docx"，完成以下操作，结果如图 3-26 所示。

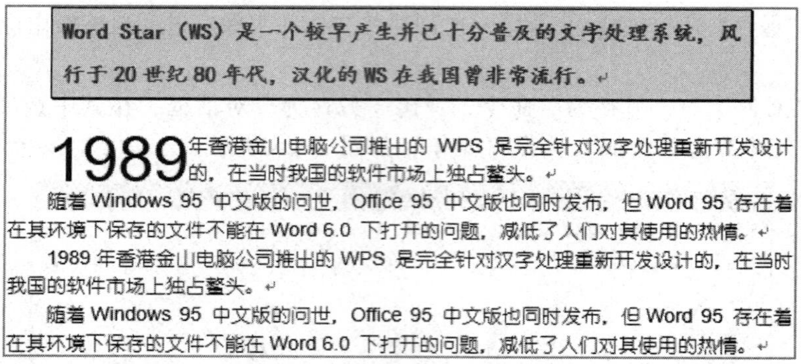

Word Star（WS）是一个较早产生并已十分普及的文字处理系统，风行于 20 世纪 80 年代，汉化的 WS 在我国曾非常流行。

1989 年香港金山电脑公司推出的 WPS 是完全针对汉字处理重新开发设计的，在当时我国的软件市场上独占鳌头。

随着 Windows 95 中文版的问世，Office 95 中文版也同时发布，但 Word 95 存在着在其环境下保存的文件不能在 Word 6.0 下打开的问题，减低了人们对其使用的热情。

1989 年香港金山电脑公司推出的 WPS 是完全针对汉字处理重新开发设计的，在当时我国的软件市场上独占鳌头。

随着 Windows 95 中文版的问世，Office 95 中文版也同时发布，但 Word 95 存在着在其环境下保存的文件不能在 Word 6.0 下打开的问题，减低了人们对其使用的热情。

图 3-26　实训 3-1 完成效果

① 将第 1 段文字设置为楷体、小四号、红色、加粗；并设置为 1.5 倍行间距、左右各缩进 1 厘米、段后间距设置为 1 行。

② 为第 1 段落添加阴影边框和灰度样式为 15%的底纹。

③ 将 2、3 段中文设置为幼圆，英文设置为 Arial，首行缩进 2 个字符。

④ 复制第 2、3 段到文档最后。

⑤ 为第 2 段的"1989"几个字符设置首字下沉模式，下沉行数为 2 行。

【实训 3-2】创建文档"HCMOS 电路.docx"，完成以下操作，结果如图 3-27 所示。

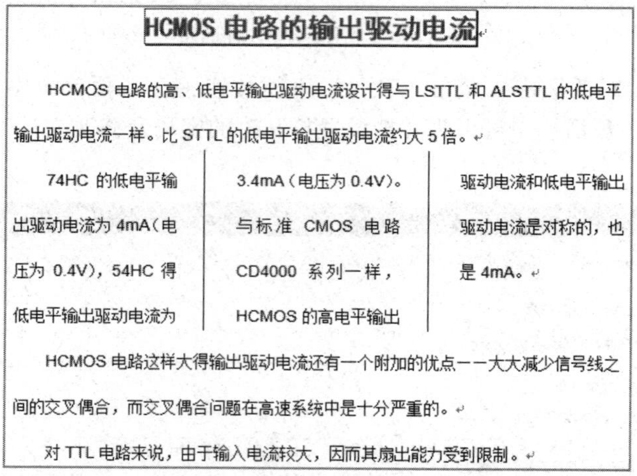

HCMOS 电路的输出驱动电流

HCMOS 电路的高、低电平输出驱动电流设计得与 LSTTL 和 ALSTTL 的低电平输出驱动电流一样。比 STTL 的低电平输出驱动电流约大 5 倍。

74HC 的低电平输出驱动电流为 4mA（电压为 0.4V），54HC 得低电平输出驱动电流为　3.4mA（电压为 0.4V）。与标准 CMOS 电路 CD4000 系列一样，HCMOS 的高电平输出　驱动电流和低电平输出驱动电流是对称的，也是 4mA。

HCMOS 电路这样大得输出驱动电流还有一个附加的优点——大大减少信号线之间的交叉偶合，而交叉偶合问题在高速系统中是十分严重的。

对 TTL 电路来说，由于输入电流较大，因而其扇出能力受到限制。

图 3-27　实训 3-2 完成效果

① 将文中所有"高速 CMOS"替换为"HCMOS"。

② 将标题文字（"HCMOS 电路的输出驱动电流"）设置为 18 磅红色黑体、加粗、居中、并添加紫色阴影边框、段后间距 0.5 行。

③ 设置正文各段落（"HCMOS 电路的高、低电平……受到限制。"）中的英文字体为 Arial；各段落首行缩进 2 字符、左缩进 1 字符；行距为 30 磅。

④ 为正文第二段（74HC 的低电平输出……）分成等宽三栏，并添加分隔线。

⑤ 为全文设置纸张大小为 16 开，并设置如下页边距：上下为 3 厘米，左右为 2 厘米。

思考与练习

① 格式复制时，单击或双击"格式刷"有何区别？

② 除了文字边框和段落边框外，文档页面也可以设置边框，怎样为文档设置艺术型页面边框？

③ 在"Word 选项"对话框中可以完成 Word 程序设置，其中应该怎样修改"保存自动恢复信息时间间隔"？

实验四 Word 2016 图文混排

实 验 目 的

① 熟悉 Word 封面的应用。
② 掌握文本中图片与图形的添加与编辑。
③ 掌握文本框与艺术字的创建与编辑。
④ 掌握公式的应用。

实 验 内 容

① 创建 Word 封面。
② 在文档中插入图片、绘制图形，并编辑。
③ 在文档中插入文本框、艺术字，并修饰。
④ 在文本中应用公式。

实 验 案 例

【案例 4-1】打开文档"论文.docx"，插入封面并编辑，完成后的封面如图 4-1 所示。

图 4-1　本例效果

（1）应用封面。

① 插入"边线型"封面。单击"插入"选项卡→"页面"选项组中的"封面"下拉按钮，选择其中的内置封面样式"边线型"选项，如图 4-2 所示。

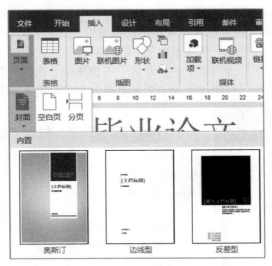

图 4-2　封面列表

② 对封面进行如下编辑：在"公司名称"文本框中输入 CAFUC；在"文档副标题"文本框中输入"基于 Web 的考试系统的设计与实现"；单击选中本页最下方的"日期"框标签，按【Delete】键删除日期框。因为在实验三中已设置了作者为"王一"，故封面的"作者"文本框已默认填入"王一"。

（2）应用图片。

① 在封面中添加中飞院 Logo 图片。单击"插入"选项卡→"插图"选项组中的"图片"下拉按钮，选择"此设备"命令，弹出"插入图片"对话框，找到并双击图片文件"cafuc.jpg"（或选中图片文件后单击"插入"按钮），如 4-3 所示。

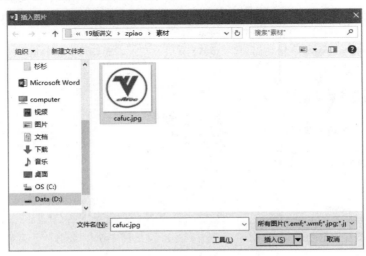

图 4-3　"插入图片"对话框

② 编辑修饰图片。选中 Logo 图片，浮出"图片工具-格式"选项卡，单击"排列"选项组中的"位置"下拉按钮，选择"顶端居右，四周型文字环绕"选项，如图 4-4 所示（也可通过"排列"选项组中的"环绕文字"下拉按钮单独设置环绕方式，再拖动图片至适当的位置）；单击"大小"选项组右下角对话框启动器，弹出"布局"对话框→"大小"选项卡，设置高度与宽度均缩放为原来的 30%（也可以在本选项组的数值框中直接设置图片的高度与宽度数值），如图 4-5 所示；单击"图片样式"选项组中的"图片边框"下拉按钮，在列表中选择浅蓝色，如图 4-6 所示；单击"大小"选项组中的"裁剪"下拉按钮，选择"裁剪为形状"中的椭圆，如图 4-7 所示；选择"调整"选项组中的"艺术效果"→"铅笔素描"效果，如图 4-8 所示。

图 4-4　位置列表

图 4-5　"布局"对话框-"大小"选项卡

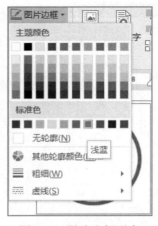

图 4-6　图片边框列表

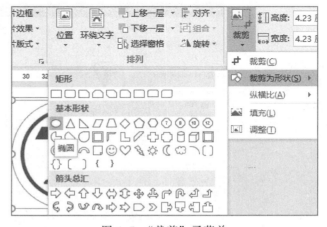

图 4-7　"裁剪"子菜单

注：若图片设置为"嵌入型"环绕文字方式，则不能随意移动到页面任意位置，只能类似

于文字，即只能移动到光标可以出现的位置。另外，若需设置图片的高度与宽度缩放比例不同，则应先在对话框中取消勾选"锁定纵横比"复选框，否则当更改完其中任意一个尺寸后，另一个会自动作相应变化。

（3）应用艺术字。

① 在封面上方添加艺术字"中国民航飞行学院"。单击"插入"选项卡→"文本"选项组中的"艺术字"下拉按钮，在弹出的列表中选择第 2 行第 4 列艺术字（填充–白色，轮廓–着色 1，发光–着色 1），如图 4-9 所示，并在弹出的虚线框中输入文字"中国民航飞行学院"。

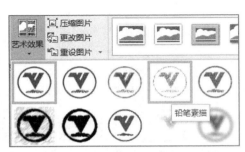

图 4-8　艺术效果列表

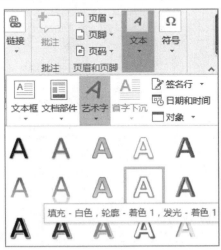

图 4-9　艺术字列表

② 修饰艺术字。选中艺术字，浮出"绘图工具–格式"选项卡，在"形状样式"选项组中选择填充主题为"细微效果，水绿色，强调颜色 5"，如图 4-10 所示（也可以利用右侧的"形状填充""形状轮廓""形状效果"三个按钮设置艺术字效果）；单击"艺术字样式"选项组中的"文本效果"→"转换"→"跟随路径"→"拱形"，如图 4-11 所示。

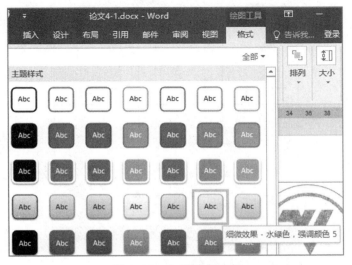

图 4-10　主题样式列表

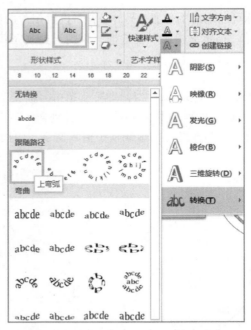

图 4-11 艺术字文字效果–转换列表

（4）应用文本框。

① 在封面空白处添加文本框"贝叶斯公式："。单击"插入"选项卡→"文本"选项组中的"文本框"下拉按钮，选择"绘制文本框"选项，如图 4-12 所示，当鼠标呈十字形状时按住鼠标左键拖动成方框，光标定位于方框中输入文字内容。

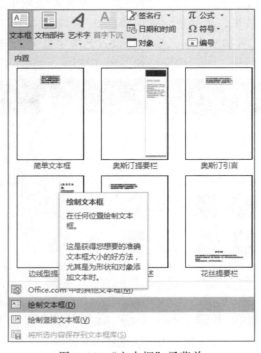

图 4-12 "文本框"子菜单

② 修饰文本框。选中文本框，浮出"绘图工具-格式"选项卡。与艺术字的编辑修饰类似，可以通过选项卡中的"形状样式"和"艺术字样式"选项组修饰文本框。单击"形状样式"选项组中的"形状填充"→"无填充颜色"取消文本框填充色；单击"形状样式"选项组中的"形状轮廓"→"无轮廓"取消文本框边线。

注：单击文本框边线可以选中文本框；拖动边线（而非控制柄）可以移动文本框；拖动四周的八个控制柄可以调整文本框大小；单击文本框内文字可以定位光标点以编辑文本框内文字。

（5）应用公式。

在封面新增的文本框内添加贝叶斯公式。定位于文本框末尾的光标插入点，单击"插入"选项卡→"符号"选项组中的"公式"下拉按钮，在列表中选择"插入新公式"选项，如图 4-13 所示。此时浮出"公式工具-设计"选项卡，并出现"在此处键入公式"文本框，

如图 4-14 所示。利用公式工具中的各种符号插入贝叶斯公式 $P(B_i|A) = \dfrac{P(B_i)P(A|B_i)}{\sum_{j-1}^{n}P(B_j)P(A|B_j)}$（利

用"结构"选项组插入下标、分式、求和等结构）。

注：利用"符号"选项组可插入其他基础数学符号；利用"工具"选项组可直接插入已有内置公式或输入"墨迹公式"等。

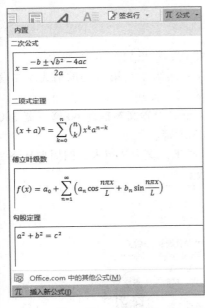

图 4-13　公式列表

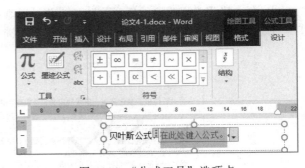

图 4-14　"公式工具"选项卡

（6）应用图形。

① 添加图形到封面空白处。单击"插入"选项卡→"插图"选项组中的"形状"下拉按钮，弹出下拉列表，如图 4-15 所示。与绘制文本框类似，通过拖动的方式绘制其中的"椭圆"和"箭头"。选中任一图形也会浮出"绘图工具-格式"选项卡，类似地可进行形状样式的设置。

② 编辑图形。

• 添加文字：右击椭圆形，在弹出的快捷菜单中选择"添加文字"命令，如图 4-16 所示，当光标出现后输入"开始"。

- 组合图形：同时选中两个图形（选中一个，按住【Shift】键再选择另一个），右击选中的部分，在弹出的快捷菜单中选择"组合"命令，如图 4-17 所示。
- 旋转图形：选中组合图形，拖动上方的旋转箭头，可以旋转图形。

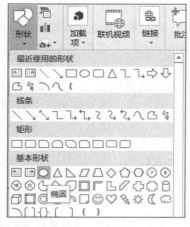 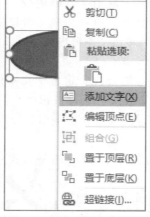 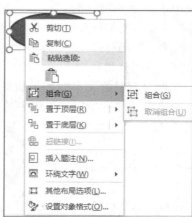

图 4-15　形状列表　　　　图 4-16　添加文字　　　　图 4-17　组合图形

实 训 项 目

【实训 4-1】创建文档"民航飞行学院.docx"，完成以下操作，结果如图 4-18 所示。

① 将第 1 段的标题文字（不选中段落标记）做成艺术字列表第 1 行第 5 列的格式，并设置为一号，嵌入型，同时设置文本效果为"映象"→"紧密映象，接触"。

② 将最后一段"溯源近 8 年的……"文本放入竖排文本框，设置文本框高 60 磅，宽 300 磅，水平相对于页边距左对齐，垂直绝对位置为上边距下侧 325 磅。

③ 在文档适当位置添加任意剪贴画，并设置其高为 2.5 厘米，宽为 2 厘米，四周型环绕。

④ 在标题下方添加 3 磅橙色直线，并设置为圆点型虚线。

图 4-18　实训 4-1 完成效果

【实训4-2】创建文档"我的宿舍我的家.docx"，完成以下操作，结果如图4-19所示。

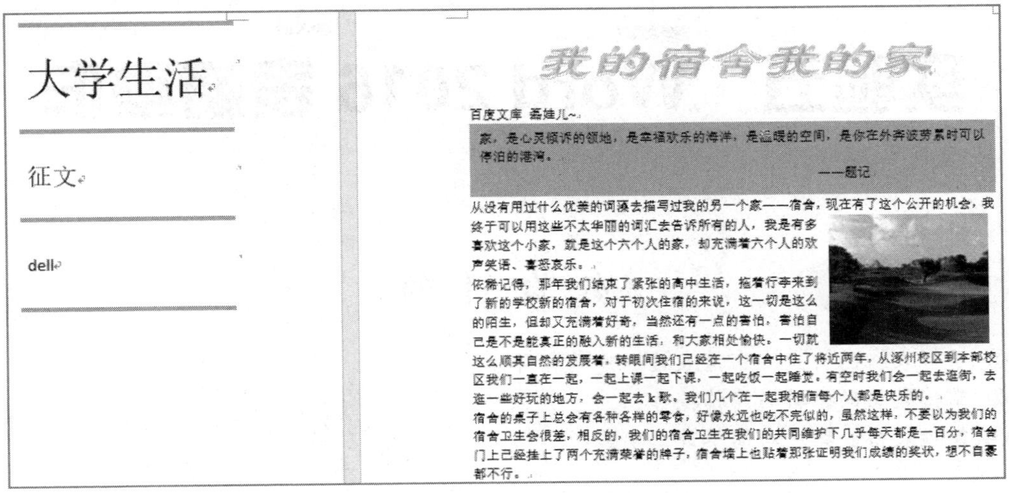

图4-19　实训4-2完成效果

① 插入堆积型封面，并输入文档标题为"大学生活"，副标题为"征文"。

② 将第2页的标题段落"我的宿舍我的家"改成艺术字。设置样式是第2行第5列，字号为44，隶书，倾斜，上下型环绕方式，水平对齐方式相对于栏居中。

③ 将题记部分（家，是心灵……——题记）放入横排文本框中，并设置文本框无轮廓、填充浅绿色、高60磅。

④ 在适当位置插入当前试题文件夹下的图片"绿地.jpg"，设置"四周型"环绕方式，高度宽度均缩放为原图的120%。

思考与练习

① 各种文字环绕方式各有什么特点？嵌入式图片与浮动式图片有什么区别？

② 插入哪些对象会浮出"绘图工具"选项卡？插入哪些对象会浮出"图片工具"选项卡？

③ 利用公式功能，插入如下泰勒级数公式：

$$f(z) = \sum_{n=0}^{\infty} \frac{f^{(n)}(a)}{n!}(z-a)^n$$

实验五　Word 2016 表格操作

实 验 目 的

① 了解表格的特点，掌握表格创建的各种方法。
② 掌握表格的编辑与修饰操作。
③ 掌握表格的排序与简单计算功能。

实 验 内 容

① 通过插入表格对象创建表格与将已有文本转换为表格。
② 表格及表格内容的编辑与修饰。
③ 表格的排序。
④ 表格的简单计算。

实 验 案 例

【案例 5-1】打开文档"论文.docx"，在文档最后插入表格，完成后的效果如图 5-1 所示。

毕业设计进度表			
	起止时间	完成任务项	备注
第一阶段			
第二阶段			
第三阶段			

图 5-1　本例效果

（1）在文档最后创建毕业设计进度表。

在文档最后另起一行，插入四行三列的表格。单击"插入"选项卡→"表格"选项组"表格"下拉按钮，在弹出的列表中选择"插入表格"命令，弹出"插入表格"对话框，如图 5-2 所示；在"列数"文本框中输入 3，"行数"文本框中输入 4。在创建好的表格中，输入图 5-1 所示单元格内容。

注：本操作也可以通过如下方式完成：在表格列表中通过单击"插入表格"网格中的第四行三列的位置，插入二维表格，如图 5-3 所示。另外，选择表格列表中的"绘制表格"命令，可以将鼠标指针变为画笔形状，绘制个性化表格；选择"Excel 电子表格"命令可以插入 Excel 工作表页面；选择"快速表格"命令可以插入带有内置格式的快速表格。

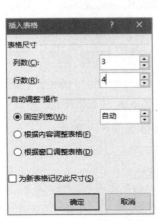

图 5-2　"插入表格"对话框

图 5-3　表格列表

（2）编辑与修饰表格。

① 在表格最右侧增加一列，输入列标题"备注"。将鼠标定位到表格最后一列，浮出"表格工具"选项卡，包含两个子选项卡"设计"（主要完成表格格式设置）与"布局"（主要完成表格编辑）。在"表格工具-布局"选项卡中，选择"行和列"选项组中的"在右侧插入"命令，如图 5-4 所示；在新插入列的第一个单元格内输入"备注"。

注：对于本操作，Word 2016 为用户提供了一个快捷操作方式，将鼠标放置在列边线（或行边线）顶端时，单击出现的"+"号标志，也可以增加一新列（或行），如图 5-5 所示。

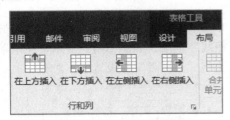

图 5-4　"行和列"选项组

图 5-5　插入列

② 为表格增加标题行。与插入列的操作类似，在表格第一行前插入新行；选择第一行所有单元格，单击"表格工具-布局"选项卡→"合并"选项组中的"合并单元格"按钮，如图 5-6 所示，以合并整个第一行；在第一行中输入文字"毕业设计进度表"。

③ 设置所有单元格内文字水平居中。选中整个表格，在"表格工具-布局"选项卡中，选择"对齐方式"下拉列表中的"水平居中"命令，完成设置，如图 5-7 所示。

④ 为表格应用样式"网格表 4-着色 1"。选中整个表格，在"表格工具-设计"选项卡中，打开"表格样式"选项组的样式列表，选择其中的"网格表 4-着色 1"选项，如图 5-8 所示。

图 5-6　"合并"下拉按钮

图 5-7 "对齐方式"下拉按钮

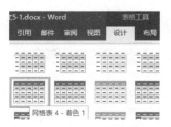

图 5-8 "表格样式"列表

【案例 5-2】利用表格功能创建"测试表",完成后的表格如图 5-9 所示。

项目 测试者	系统界面	功能应用	上手度	总评
教师 B	86	80	70	78.67
学生 B	80	73	82	78.33
教师 A	80	76	76	77.33
学生 A	78	65	85	76

图 5-9 本例效果

(1)创建与编辑"测试表"。

① 打开素材文件,将 6.2 节功能测试中的 2 到 6 段转换成一个 5 行 5 列的表格。选中这 5 个段落,单击"插入"选项卡→"表格"选项组的"表格"下拉按钮,在下拉菜单中选择"文本转换成表格"命令,弹出"将文字转换成表格"对话框,在"列数"文本框中输入 5,在"文字分隔位置"组中选择"其他字符"单选按钮,(注意,表格的行数就是所选段落数,是不能更改的),如图 5-10 所示。

② 绘制斜向表头。选择第 1 行第 1 列的单元格,单击"设计"选项卡→"表格样式"选项组中的"边框"下拉按钮,在下拉列表中选择"斜下框线"选项,如图 5-11 所示。在本单元格内输入文字"项目"并设置为右对齐,换行后输入文字"测试者"并设置为左对齐。

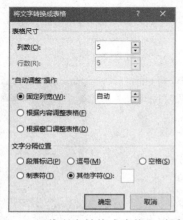

图 5-10 "将文字转换成表格"对话框

图 5-11 "边框"列表

③ 为倒数 4 行设置行高为 0.7 厘米,列宽为根据内容自动调整。选中表格中倒数 4 行,在

"布局"选项卡→"单元格大小"选项组的"高度"文本框内输入 0.7 厘米；单击"自动调整"下拉按钮，在下拉菜单中选择"根据内容自动调整表格"命令，如图 5-12 所示。

④ 设置表格上/下框线为 1.5 磅蓝色直线。选中整张表格，选择"设计"选项卡→"边框"选项组的"笔颜色"为蓝色，"笔划粗细"为 1.5 磅，"笔样式"为直线，打开"边框"列表，在下拉列表中依次选择"上框线"/"下框线"命令，如图 5-13 所示。

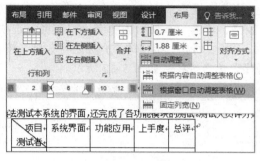

图 5-12　自动调整列表

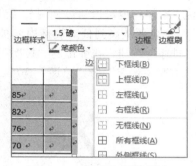

图 5-13　"边框"下拉列表

⑤ 设置表格左右无边线，1、2 行间为双线。与上一步骤类似，选中整张表格，设置"笔样式"为无边框，在"边框"选项组→"边框"下拉列表中依次选择"左框线""右框线"；选中第 1 行和第 2 行，设置"笔样式"为双线，在"边框"选项组→"边框"下拉列表中选择"内部横框线"命令。

⑥ 设置表格居中对齐，表格第 1 行内容靠下居中对齐。选中整张表格，选择"布局"选项卡→"表"选项组中的"属性"命令，在弹出的"表格属性"对话框→"表格"选项卡中，选择对齐方式为居中，如图 5-14 所示；选中第 1 行，单击"布局"选项卡→"对齐方式"选项组中的"靠下居中对齐"按钮，对齐单元格内文字内容。

⑦ 为表格第 1 行设置黄色底纹。选中第 1 行，选择"设计"选项卡→"表格样式"选项组中的"底纹"命令，在弹出的列表中选择标准色黄色，如图 5-15 所示。

图 5-14　"表格属性"对话框

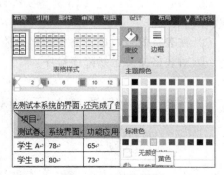

图 5-15　底纹设置

（2）表格的简单计算与排序。

① 以平均值计算每位测试者的总评分。将光标定位于学生 A 的总评单元格（即第 2 行第 5 列的单元格），单击"布局"选项卡→"数据"选项组中的"公式"按钮，在弹出的"公式"对话框中，输入公式"=AVERAGE(LEFT)"，如图 5-16 所示。

② 依次将光标定位于其下方三个单元格，做同样的操作，即可完成每位测试者的总评计算。

注：本操作也可以通过复制公式到指定位置，再在快捷菜单中选择"更新域"命令来完成。

③ 按总评从高到低对表格内容排序。选中表格，单击"布局"选项卡→"数据"选项组中的"排序"按钮，在弹出的"排序"对话框中，选择"列表"组中的"有标题行"单选按钮，选择"主要关键字"为"总评"选项，选择"降序"单选按钮，如图 5-17 所示。

图 5-16 "公式"对话框

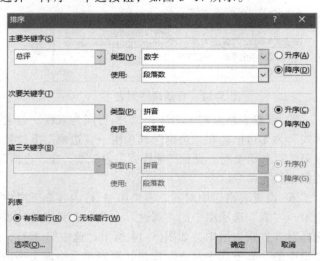

图 5-17 "排序"对话框

实 训 项 目

【实训 5-1】将图 5-18 所示文本转换为表格，并完成以下操作，结果如图 5-19 所示。

① 将图 5-18 所示文本的倒数 4 行转换为一个 4 行 4 列的表格，设置行高为 20 磅；并设置所有单元格水平居中对齐。

② 为表格设置红色 2.25 磅单实线外框线，设置蓝色 1.5 磅单实线内框线；并为第 1 行填充浅绿色底纹。

③ 在表格的空白单元格中计算每种商品的年度总销量。

④ 对表格按总销量降序排序。

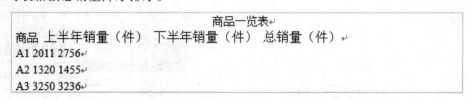

图 5-18 实训 5-1 素材文本

商品一览表

商品	上半年销量（件）	下半年销量（件）	总销量（件）
A3	3250	3236	6486
A1	2011	2756	4767
A2	1320	1455	2775

图 5-19　实训 5-1 完成效果

【实训 5-2】将图 5-20 所示文本转换为表格，并完成以下操作，结果如图 5-21 所示。

2016 年录取情况
年份 最高分 平均分 最低分 录取人数 录取批次
2016 622 586 575 132 本科第一批
2016 566 550 538 57 本科第二批
2016 534 495 478 51 专科第一批

图 5-20　实训 5-2 素材文本

2016 年录取情况				
最高分	平均分	最低分	录取人数	录取批次
622	586	575	132	本科第一批
566	550	538	57	本科第二批
534	495	478	51	专科第一批

图 5-21　实训 5-2 完成效果

① 将图 5-20 所示文本的倒数 4 行转换为一个 4 行 6 列的表格；并设置为根据内容自动调整表格。

② 删除表格的第 1 列，并设置表格居中对齐。

③ 为表格增加标题行，合并单元格，输入内容为"2016 年录取情况"，并设置为"靠下居中对齐"。

④ 设置第 2 行与第三行之间为 2.25 磅绿色单实线。

思考与练习

① 在 Word 中创建表格有哪些方法？分别适用于什么情况？

② 当选中表格中的一行时，按下【Delete】键与【Backspace】键有何区别？

③ 如何完成单元格的拆分与合并？如何完成表格的拆分与合并？

实验六　Word 2016 高级操作

实验目的

① 熟悉尾注、题注与交叉引用功能。
② 掌握样式的应用与目录的自动生成。
③ 掌握分页与分节，页眉与页脚的应用。
④ 了解文档的保护与修订。

实验内容

① 为文档添加尾注，为表格或图片添加题注，并交叉引用。
② 应用样式，并自动创建目录。
③ 通过分页、分节设置不同的页眉、页脚。
④ 对文档进行强制保护。

实验案例

【案例 6-1】打开文档"论文.docx"，利用尾注、题注与交叉引用，完成参考文献的设置与文中表格的编号，如图 6-1 所示。

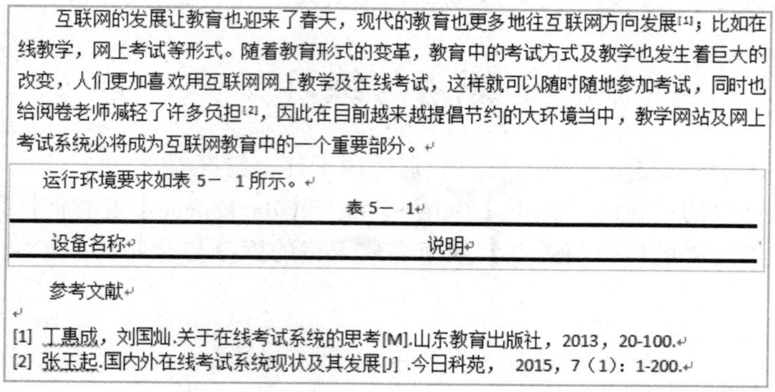

互联网的发展让教育也迎来了春天，现代的教育也更多地往互联网方向发展[1]；比如在线教学，网上考试等形式。随着教育形式的变革，教育中的考试方式及教学也发生着巨大的改变，人们更加喜欢用互联网网上教学及在线考试，这样就可以随时随地参加考试，同时也给阅卷老师减轻了许多负担[2]，因此在目前越来越提倡节约的大环境当中，教学网站及网上考试系统必将成为互联网教育中的一个重要部分。

运行环境要求如表 5- 1 所示。
表 5- 1

设备名称	说明

参考文献

[1] 工惠成, 刘国灿.关于在线考试系统的思考[M].山东教育出版社，2013，20-100.
[2] 张玉起.国内外在线考试系统现状及其发展[J] .今日科苑，2015，7（1）：1-200.

图 6-1　本例效果

（1）尾注。

① 为中文摘要正文第一句话添加参考文献。在文档最后输入文字"参考文献"。将光标定位在中文摘要第一句话 "……方向发展；"的分号之前，单击"引用"选项卡→"脚注"选项

组右下方的"对话框启动器"图标,在弹出的"脚注和尾注"对话框中,选择"尾注"单选按钮,选择编号格式为"1,2,3…"选项,在"应用更改"组中"将更改应用于"下拉列表中选择"整篇文档"选项,如图 6-2 所示。复制"参考文献.txt"中第一段文字到尾注中。同理,单击"引用"选项卡→"脚注"选项组的"插入尾注"按钮,为摘要正文第一段倒数第二行"……减轻了许多负担,"逗号前添加参考文献,并复制"参考文献.txt"中第二段文字到尾注中。

② 删除尾注分隔符。选择"视图"选项卡→"文档视图"中的"草稿"命令;选择"引用"选项卡→"脚注"选项组中的"显示备注"命令,在下方出现的窗格中选择"尾注分隔符"和"尾注延续分隔符"选项,删除其中的横线,如图 6-3 所示;单击窗格右上方"关闭"按钮,返回页面视图。

图 6-2 "脚注和尾注"对话框

图 6-3 "显示备注"窗格

③ 为尾注添加方括号。选择"开始"选项卡→"编辑"选项组的"替换"命令,在打开的"查找和替换"对话框中的"查找内容"文本框输入"^e"(表示尾注),在"替换为"文本框输入"[^&]",如图 6-4 所示,替换完成后,选中所有尾注,选择"开始"选项卡"字体"选项组的"上标"命令,以取消上标效果。

图 6-4 "查找和替换"对话框

(2)题注与交叉引用。

① 打开素材文件,为 5.1 节中的表设置题注。选中 5.1 节中的表格,选择"引用"选项卡

→"题注"选项组中的"插入题注"命令，在弹出的"题注"对话框中单击"新建标签"按钮，弹出"新建标签"对话框，在其中输入"表 5-"，单击"确定"按钮，返回"题注"对话框，在"位置"下拉列表中选择"所选项目上方"选项，如图 6-5 所示。最后将新插入题注"表 5-1"居中对齐。

② 在文中引用题注。将光标定位到 5.1 节第一位文字"运行环境要求如所示。"的"如"字后边，选择"引用"选项卡→"题注"选项组中的"交叉引用"命令，在弹出的"交叉引用"对话框中，在"引用类型"下拉列表中选择"表 5-"选项，在"引用内容"下拉列表中选择"只有标签和编号"选项，在"引用哪一个题注"下拉列表中选择"表 5-1"选项，如图 6-6 所示。

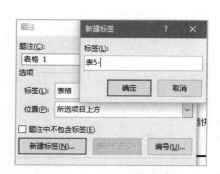

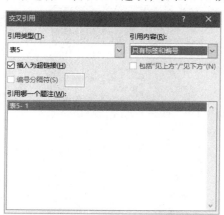

图 6-5　"题注"对话框-"新建标签"对话框　　　　图 6-6　"交叉引用"对话框

【案例 6-2】利用样式与目录功能，自动创建目录，如图 6-7 所示。

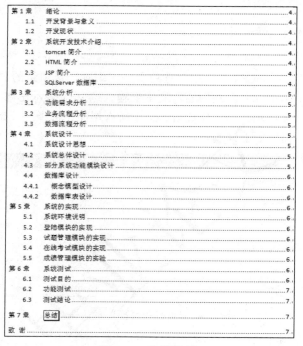

图 6-7　本例效果

（1）自动创建目录。

① 为文档添加目录。将光标定位于中文摘要页面最前端，按下【Enter】键插入一个空行，光标定位到空行，单击"开始"选项卡→"字体"选项组中的"清除格式"按钮清除格式；单击"引用"选项卡→"目录"选项组中的"目录"下拉按钮，在下拉菜单中选择"自定义目录"命令，在弹出的"目录"对话框→"目录"选项卡中，选择"显示级别"为 3，勾选"显示页码"和"页码右对齐"复选框，如图 6-8 所示。

图 6-8　"目录"对话框

② 若目录内容有更新，可选中已创建的目录，右击，在弹出的快捷菜单中选择"更新域"命令，在弹出的"更新目录"对话框中根据情况选择"只更新页码"或"更新整个目录"。

（2）样式。

① 设置第 7 章后的"致谢"为标题样式。在文档最后一页选中"致谢"标题段落，单击"开始"选项卡→"样式"选项组中"快速样式"列表里的"标题"样式。

注：若样式列表中没有显示"标题"样式，则可通过以下操作显示所有样式。单击"开始"选项卡→"样式"选项组右下角的"对话框启动器"图标，在弹出的"样式"对话框右下角单击"选项"按钮，弹出"样式窗格选项"对话框，如图 6-9 所示，在"选择要显示的样式"下拉列表中，选择"所有样式"选项，即可在样式列表中显示出所有样式。

② 将"致谢"添加到目录中。右击目录，在弹出的快捷菜单中选择"更新域"命令，在弹出的"更新目录"对话框中选择"更新整个目录"命令。

③ 修改"标题"样式字体大小为二号。在"样式"窗格中，指向"标题"样式，单击其右侧的下拉按钮，在下级菜单中选择"修改"命令，如图 6-10 所示，在"修改样式"对话框中设置字号为"二号"，如图 6-11 所示。此时，应用了该样式的"致谢"两字自动更新为二号文字大小。

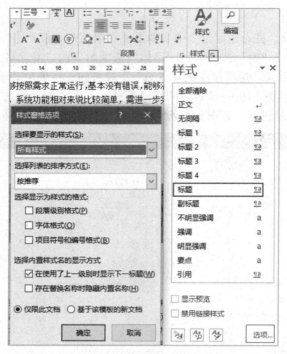

图 6-9 "样式"窗格及"样式窗格选项"对话框

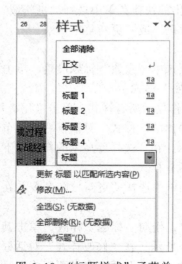

图 6-10 "标题样式"子菜单

图 6-11 "修改样式"对话框

【案例 6-3】为"论文.docx"分页/分节、设置页眉/页脚、保护并启用修订,如图 6-12 所示。

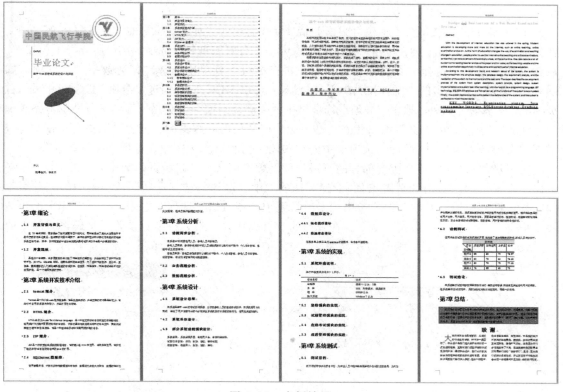

图 6-12　本例效果

（1）分页与分节。

① 设置参考文献部分单独成一页。将光标置于"参考文献"四字之前，选择"插入"选项卡→"页面"选项组的"分页"命令，如图 6-13 所示。

② 设置目录部分单独成一页。将光标置于目录下方，选择"布局"选项卡→"页面设置"选项组中的"分隔符"命令，在弹出的子菜单中选择"分页符"命令，如图 6-14 所示。

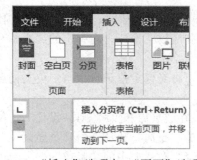

图 6-13　"插入"选项卡-"页面"选项组

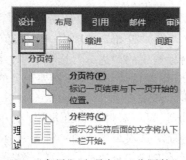

图 6-14　"布局"选项卡-"分隔符"列表

③ 设置目录和中英文摘要部分单独成一节。将光标置于目录之前，选择"布局"选项卡→"页面设置"选项组中的"分隔符"命令，在弹出的子菜单中选择"分节符"中的"下一页"命令；将光标置于英文摘要之后的空行，同理插入一个"连续"分节符。

注：分节符与分页符可以在"草稿"视图中进行查看或删除。

（2）页码。

① 将论文从正文部分（不包含封面与摘要）设置位于"页面底端"的"普通数字2"页码。将光标定位于正文第1页，单击"插入"选项卡→"页眉和页脚"选项组的"页码"下拉按钮，在弹出的子菜单中选择"页面底端"命令，再在下级子菜单中选择"普通数字2"选项，如图6-15所示；在浮出的"页眉和页脚工具-设计"选项卡中，取消勾选"选项"选项组中的"首页不同"复选框；另外，取消"导航"选项组中的"链接到前一条页眉"选项（通过单击完成）。

注：此时进入页眉/页脚编辑状态，是不能完成文档内容编辑的，可通过双击文档正文，或单击"页眉和页脚工具-设计"选项卡中的"关闭页眉和页脚"按钮，返回文档编辑状态。

② 设置目录和中英文摘要部分的页码为罗马数字形式，且起始页码为1。选中该部分任一页码，在浮出的"页眉和页脚工具-设计"选项卡中，取消勾选"选项"选项组中的"首页不同"复选框；取消"导航"选项组中的"链接到前一条页眉"选项；右击页码，在弹出的快捷菜单中选择"设置页码格式"命令，在弹出的"页码格式"对话框中，设置"页码编号"中的"起始页码"为1；设置"编号格式"为"I，II，III，…"，如图6-16所示。

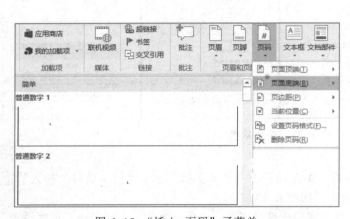

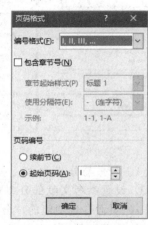

图6-15 "插入-页码"子菜单   图6-16 "页码格式"对话框

（3）页眉。

① 取消封面页眉中的横线。双击封面页眉，进入页眉页脚编辑模式；选中页眉中的段落标记，单击"开始"选项卡→"段落"选项组中的"边框和底纹"按钮，在弹出的"边框和底纹"对话框中的"边框"选项卡中，将"设置"选为"无"。

② 设置目录与中英文摘要部分的页眉为"毕业论文"。将光标定位于目录与中英文摘要的任一页，双击页眉进入编辑状态，输入文字"毕业论文"。

③ 设置单双页不同的页眉。选中正文部分任一页眉，在"页眉和页脚工具-设计"选项卡的"导航"选项组中取消"链接到前一条页眉"选项；单击"布局"选项卡→"页面设置"选项组右下方的"对话框启动器"图标，在弹出的"页面设置"对话框中的"版式"选项卡中，勾选"选项"选项组中的"奇偶页不同"复选框，如图6-17所示；在偶数页（如第2页）的页眉处输入"基于web的考试系统的设计与实现"。

④ 设置页眉页脚距边界的位置均为1厘米。单击"页面布局"选项卡→"页面设置"选项组右下方的"对话框启动器"图标，在弹出的"页面设置"对话框中的"版式"选项卡中，设置 "距边界"栏中"页眉"为1厘米，"页脚"也为1厘米，如图6-17所示。（本操作也可

在"页眉和页脚工具–设计"选项卡的"位置"选项组中完成。）

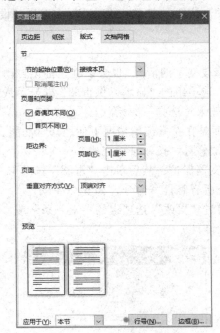

图 6–17　"页面设置"对话框

（4）文档的保护与修订。

① 保护文档。单击"审阅"选项卡→"保护"选项组中的"限制编辑"按钮，打开"限制编辑"窗格；勾选"2.限制编辑"组下方的复选框，并在下拉列表中选择"修订"选项，表示仅允许在本文档中进行修订操作，如图 6–18 所示；单击"3.启动强制保护"中的"是，启动强制保护"按钮，在弹出的"启动强制保护"对话框中，输入并确认密码即可开始执行强制保护，如图 6–19 所示。

注：若需停止保护可单击"限制格式和编辑"窗格中的"停止保护"按钮。

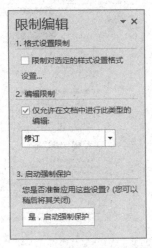

图 6–18　"限制编辑"窗格

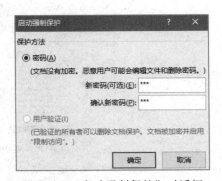

图 6–19　"启动强制保护"对话框

② 取消第 7 章标题"总结"两字的边框。选中"总结"两字，单击"开始"选项卡→"段落"选项组中的"边框和底纹"按钮，在弹出的对话框中选择"设置"为"无"。设置完成后，观察右侧显示的结果。

注：

- 若出现增加、删除或修改文字的情况，也会以红色标记自动显示更改内容。可以通过"审阅"选项卡→"修订"选项组的"显示以供审阅"框显示最终效果（选择"最终状态"）；也可以显示修改前的效果（选择"原始状态"）。
- 若不是在文档保护，而是在正常编辑情况下使用修订功能，则可以单击"审阅"选项卡→"修订"选项组→"修订"按钮进行完成。

③ 确认修改。首先停止文档保护，然后单击"审阅"选项卡→"更改"选项组的"接受"下拉按钮，选择其中的"接受所有修订"命令，如 6-20 所示。

注：本步骤中，也可以通过"更改"选项组的"上一条"或"下一条"按钮来部分接受修订，或是通过"拒绝"来拒绝修订。

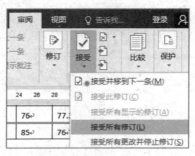

图 6-20 "接受"子菜单

实 训 项 目

【实训 6-1】打开文档"中国大飞机.docx"，并完成以下操作，结果如图 6-21 所示。

图 6-21 实训 6-1 完成效果

① 应用多级列表（列表库中第 1 行第 3 个），如样张所示，将文中红色文字"一、何为大飞机""二、大飞机之梦""三、大飞机与强国之路"设置为 1 级；文中蓝色文字"第一幕……"和"第二幕……"设置为 2 级。

② 在文档最前端插入"下一页"分节符，并在其中添加"简单"格式目录，页码右对齐，采用直线前导符。

③ 为文中的两张图片插入题注"图 1""图 2"并居中对齐；在图 1 上方段落最后的括号里交叉引用图片的标签和编号。

④ 打开素材文件，为 2.1 节第一段最后一行的句号前插入尾注，内容为文章最后一段话。

⑤ 添加页脚"大飞机"，红色文字，左对齐。

【实训 6-2】打开文档"艾萨克@牛顿"，并完成以下操作，结果如图 6-22 所示。

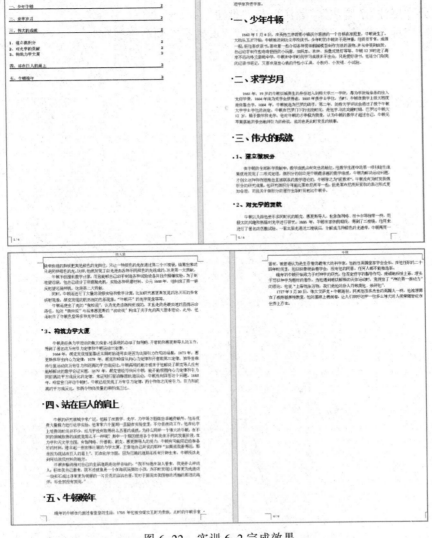

图 6-22　实训 6-2 完成效果

① 利用分页符在文章前增加一页，并输入"目录"二字。

② 将文中各标题行（一、少年牛顿；二、求学岁月；三……五、牛顿晚年）设置为标题 1 样式。

③ 将伟大的成就部分中的三个小标题（1、建立微积分，2、对光学的贡献，3、构筑力学大厦）设置为标题 2 样式。

④ 在第一页"目录"下方自动生成如图所示目录，显示级别为 2，格式为"流行"，其余设置不变。

⑤ 设置奇数页页眉为"伟人录"，偶数页页眉为"牛顿"，首页页眉"目录"；在页面底端插入"加粗显示的数字 1"页码（奇偶页均是）。

思考与练习

① 区分"尾注""脚注""题注"与"批注"。

② 区分四种分节符："下一页""连续""偶数页"和"奇数页"。

实验七 Excel 2016 基本操作

实 验 目 的

① 熟悉 Excel 2016 窗口界面及基本操作。
② 掌握数据的输入与数据验证规则的设置。
③ 掌握工作表及数据的编辑。
④ 掌握单元格基本格式的设置。
⑤ 掌握其他格式设置。

实 验 内 容

① Excel 2016 工作簿的打开与保存，工作表及数据的选定、复制、移动和删除。
② 完成数据的自动填充与验证规则的设置。
③ 设置数字分类格式、边框与底纹、对齐方式、行高与列宽。
④ 自动套用表格格式、为数据设置条件格式。

实 验 案 例

【案例 7-1】打开工作簿"成绩.xlsx"，完成如下编辑操作，完成后的效果如图 7-1 所示。

图 7-1 本例效果

（1）打开工作簿。

工作簿即 Excel 文档，故其打开方式与 Word 类似，主要有如下两种方式。

方法一：找到工作簿"成绩.xlsx"存储的位置，双击该文档的图标，同时打开 Excel 应用程序窗口与工作簿窗口。

方法二：打开 Excel 2016 应用程序，选择"文件"菜单中的"打开"命令，在弹出的"打开"对话框中找到并打开"成绩.xlsx"。

（2）工作表与数据的编辑。

一张工作表即 Excel 文档中包含的一个页面，一个工作簿默认包含 1 张名为"Sheet1"的工作表。

① 为工作表 Sheet1 在最前方增加一个新列"序号"。单击"学院"列的列号 A 以选中该列，单击"开始"选项卡→"单元格"选项组中"插入"按钮，在 A1 单元格内输入"序号"。

注：单击"插入"按钮前，若选中的是单元格则在该单元格上方插入空单元格；若选中的是行则在该行上方插入空行；也可以通过单击"插入"下拉按钮，在弹出的下拉菜单中选择插入的是空单元格、空行、空列还是空表，如图 7-2 所示。

② 以自然数顺序为"序号"列填入数字。在 A2 单元格输入数字 1，按下【Enter】键（或单击编辑栏左侧"输入"按钮）确认输入内容；再次选中 A2 单元格，单击其右下角填充柄，按住不放并向下拖动至 A26 单元格，同时按住【Ctrl】键，完成数字 1~25 的自动填充。

注：若想取消单元格内的输入，可按【Esc】键（或单击编辑栏左侧"取消"按钮）。

图 7-2 "插入"子菜单

③ 为"郑振伟"同学创建个人信息表。选中 C1：G2 单元格区域，单击"开始"选项卡→"剪贴板"选项组的"复制"按钮（呈现闪烁虚线框），再单击工作表 Sheet3 的 A1 单元格，按【Enter】键（仅针对本工作簿中数据的一次性粘贴）。复制后，若学号显示为科学计数法，出生日期为"#########"，如图 7-3 所示，通过拖动连线适当加大列宽，即可正常显示内容。（注意观察 E2 单元格内数据，其表示的是日期类型数据，并非三个数的除法。）

注：Excel 中的复制与移动与 Word 类似，可以通过"复制"与"粘贴"命令完成复制操作，也可以通过"剪切"与"粘贴"命令完成移动操作。

④ 为"郑振伟"的个人信息增加体重字段（列）。在 F1 单元格输入文本"体重"，在 F2 单元格输入 78.35，观察数据在单元格内的对齐方式。

⑤ 为"郑振伟"的个人信息增加身份证号字段。在 G1 单元格输入文本"身份证号"，在 G2 单元格输入"510681199702285326"，观察输入内容的后三位自动变为 000，如图 7-4 所示。因为受数字有效位数的限制，输入身份证号时应将其设置为文本格式，最简单的方式即先输入单引号（必须是西文符号）再输入身份证号，如'590681199702285326（此号码为虚拟号码）。

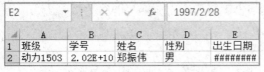

图 7-3 复制后效果

图 7-4 "提示"对话框

⑥ 为"郑振伟"的个人信息增加缺课度字段，数值 5/48（共 48 课时，缺课 5 课时）。在 H1 单元格输入文本"缺课度"，在 H2 单元格输入"0 5/48"，注意观察此时编辑栏显示的内容，为其对应小数值，如图 7-5 所示。

⑦ 为"郑振伟"的个人信息增加是否班委信息。在 I1 单元格输入文本"班委"，在 I2 单元格输入"false"，确认后注意观察，该单词自动大写并居中对齐，如图 7-5 所示，这是 Excel 中的一类特殊数据类型——逻辑型数据（FALSE 表示逻辑假，TRUE 表示逻辑真）。

注：以上数据类型中，文本类型数据自动靠左对齐，数值及日期类型数据自动靠右对齐，逻辑类型数据自动居中对齐。

⑧ 为 A2 单元格内的数据分行。双击 A2 单元格，定位光标到"动力"与"1503"之间，按【Alt+Enter】组合键，完成单元格内换行，如图 7-6 所示。

⑨ 为 Sheet3 增加标题行"个人信息表"。在 Sheet3 工作表最上方插入一个空行，选中 A1：I1 单元格，单击"开始"选项卡→"对齐方式"选项组中的"合并后居中"按钮，如图 7-7 所示，输入文字"个人信息表"。（请注意，合并时不能选中整行合并，而应选择指定单元格。）

注：合并单元格也可以在"设置单元格格式"对话框的"对齐"选项卡中，通过勾选"合并单元格"复选框完成。

⑩ 重命名 Sheet3 工作表为"zzw"。双击 Sheet3 工作表标签，输入"zzw"并按【Enter】键确认即可。

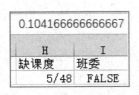

图 7-5　分数及逻辑值输入

图 7-6　段内换行

图 7-7　"合并后居中"按钮

（3）设置数据验证规则。

① 在"zzw"工作表的"个人信息表"中将性别设置为"男/女"选项。选中 D3 单元格，单击"数据"选项卡→"数据工具"选项组中"数据验证"下拉按钮，选择"数据验证"命令，在弹出的"数据验证"对话框-"设置"选项卡中，在"允许"下拉列表中选择"序列"选项，在"来源"文本框中输入"男,女"（注意中间的逗号为西文状态下的符号），如图 7-8 所示。设置完成后，在 D3 单元格右侧出现向下按钮，可选择输入男或女。

② 在"个人信息表"中设置缺课度只能在 0-1 之间。选中 H3 单元格，打开"数据验证"对话框，在"设置"选项卡中，在"允许"下拉列表框中选择"小数"选项，在"数据"下拉列表框中选择"介于"选项，在"最小值"与"最大值"文本框中分别输入 0 和 1，如图 7-9 所示。

注：设置数据有效性时，可以在"数据有效性"对话框的"输入信息"选项卡设置提示信息；也可以在"出错警告"选项卡设置弹出的提示对话框的图标与提示信息。

图 7-8　"数据验证"对话框

图 7-9　"数据验证"对话框

【案例 7-2】为工作簿"成绩.xlsx"，完成如下格式设置，如图 7-10 所示。

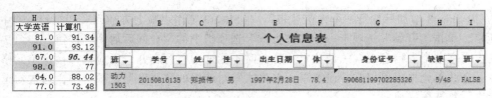

H	I
大学英语	计算机
81.0	91.34
91.0	93.12
67.0	*96.44*
98.0	77
64.0	88.02
77.0	73.48

（a）Sheet1 工作表 　　　　　　　　　　（b）zzw 工作表

图 7-10　本例效果

（1）设置行高/列宽。

① 调整 zzw 工作表的列宽。选中 A：I 列，单击"开始"选项卡→"单元格"选项组中的"格式"旁的下拉按钮，在弹出的下拉菜单中选择"自动调整列宽"命令，使列宽适应数据宽度，如图 7-11 所示。

② 调整 zzw 工作表的行高。将鼠标置于 1、2 两行行号间的边线，通过拖动调整第一行的行高到合适高度；选中第 2、3 行，单击"开始"选项卡→"单元格"选项组中的"格式"旁的下拉按钮，在弹出的下拉菜单中选择"行高"命令，如图 7-11 所示，在弹出的"行高"文本框中输入 30。

注：行高与列宽均可以通过拖动边线完成，也可以通过菜单项设置为精确值或随数据内容自动调整。

图 7-11　"单元格格式"子菜单

（2）设置单元格格式。

① 设置学号为文本格式，设置出生日期为"年月日"格式，设置体重为保留 1 位小数。选中 B3 单元格，单击"开始"选项卡→"单元格"选项组中的"格式"旁的下拉按钮，在弹出的下拉菜单中选择"设置单元格格式"命令，在弹出的"设置单元格格式"对话框→"数字"选项卡中的"分类"组中选择"文本"选项；同理，选中 E3 单元格，在"设置单元格格式"对话框→"数字"选项卡中的"分类"组中选择"日期"选项，在右侧的"类型"组中选择"2012年 3 月 14 日"选项，如图 7-12 所示；选中 F3 单元格，"设置单元格格式"对话框→"数字"选项卡中的"分类"组中选择"数值"选项，设置右侧的"小数位数"为 1。

图 7-12　"设置单元格格式"对话框-"数字"选项卡

② 设置 2-3 行文字水平及垂直方向均居中。选中 A2：I2 单元格，在"设置单元格格式"对话框→"对齐"选项卡中，在"水平对齐"组中选择"居中"选项，在"垂直对齐"组中选择"居中"选项，如图 7-13 所示。

图 7-13 "设置单元格格式 – 对齐"选项卡

注：文本方向、自动换行与合并单元格均可在"对齐"选项卡中进行设置。

③ 设置标题为红色、黑体、16 磅、加粗，红色双线边框，黄色填充。选中标题单元格，在"设置单元格格式"对话框→"字体"选项卡中，在"字体"组中选择"黑体"选项，在"字形"组中选择"加粗"选项，在"字号"组中选择"16"选项，在"颜色"组中选择"红色"选项，如图 7-14 所示；在"设置单元格格式"对话框→"填充"选项卡中，在"背景色"组中选择"黄色"选项，如图 7-15 所示；选中 A1：I3 单元格，在"设置单元格格式"对话框→"边框"选项卡中，在"颜色"组中选择"红色"选项，在"样式"组中选择"双线"选项，单击右侧"外边框"按钮完成边框应用，如图 7-16 所示。

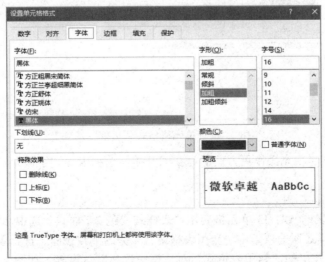

图 7-14 "设置单元格格式 – 字体"选项卡

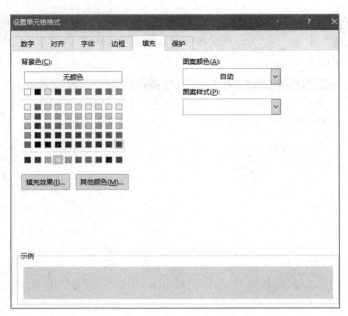

图 7-15 "设置单元格格式 – 填充"选项卡

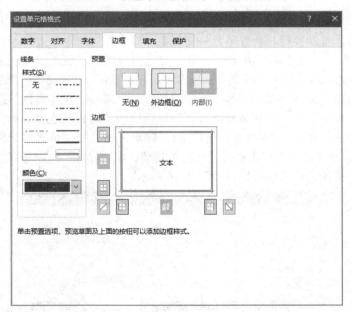

图 7-16 "设置单元格格式 – 边框"选项卡

注：字体、边框与填充操作更方便的是在"开始"选项卡→"字体"选项组中，单击对应按钮来完成设置。

（3）样式的应用。

① 为个人信息表的 A2：I3 单元格套用"表样式浅色 2"样式。选中 A2：I3 单元格，单击"开始"选项卡→"样式"选项组中"套用表格格式"旁的下拉按钮，选择下拉列表中的"表样式浅色 2"选项，在弹出的"套用表格式"对话框中选择默认设置，如图 7-17 所示。

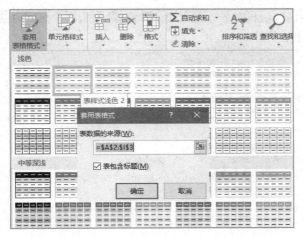

图 7-17　"套用表格格式"对话框

②　在 Sheet1 中突出显示大学英语课程中 90 分以上（含 90 分）的成绩格式为：数字蓝色加粗，添加黄色填充色。选中 Sheet1 中 H2：H26 单元格，单击"开始"选项卡→"样式"选项组中"条件格式"旁的下拉按钮，在弹出的下拉菜单中选择"突出显示单元格规则"→"其他规则"命令，弹出"新建格式规则"对话框，在"编辑规则说明"组中选择"单元格值""大于或等于""90"；然后单击下方"格式"按钮，在弹出的"设置单元格格式"对话框→"字体"选项卡中，在"字形"组中选择"加粗"选项，在"颜色"组中选择"蓝色"选项，单击"填充"选项卡，在"背景色"组中选择"黄色"选项，如图 7-18 所示。

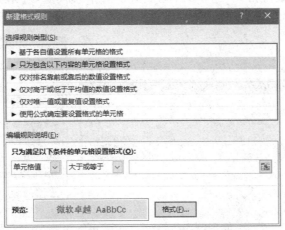

图 7-18　"新建格式规则"对话框

注：所有格式应一次性设置，不能分为两次完成。

③　为计算机成绩分段设置圆形图标（90 分及以上为绿色，60 分及以上为黄色，其余为红色）。选中 Sheet1 中 I2：I26 单元格，单击"开始"选项卡→"样式"选项组中"条件格式"下拉按钮，在弹出的下拉菜单中选择"图标集"→"其他规则"命令，弹出"新建格式规则"对话框，在"图标样式"下拉列表中选择"三色交通灯（无边框）"选项，在"图标"组中，绿色圆形"类型"组中选择"数字"选项，"值"文本框中输入 90，黄色圆形"类型"组中选择"数字"选项，"值"文本框中输入 60，如图 7-19 所示。

图 7-19 "新建格式规则"对话框

④ 编辑修改条件格式。选中 Sheet1 中 I2：I26 单元格，单击"开始"选项卡→"样式"选项组中"条件格式"下拉按钮，在弹出的下拉菜单中选择"管理规则"命令，在弹出的"条件格式规则管理器"对话框中，如图 7-20 所示，单击"编辑规则"按钮，在弹出的"编辑格式规则"对话框中，在"选择规则类型"组中选择"仅对排名靠前或靠后的数值设置格式"选项，在"为以下排名内的值设置格式"组中的下拉列表中选择"前"选项，在后面文本框中输入"3"，然后单击"格式"按钮，设置字体格式为蓝色、加粗倾斜，如图 7-21 所示。

图 7-20 "条件格式规则管理器"对话框

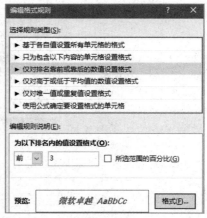

图 7-21 "编辑格式规则"对话框

（4）保存文档。

① 单击标题栏左侧的"保存"按钮可以在原位置以原文件名保存工作簿（也可以通过"文件"菜单中的"保存"命令来完成）。

② 选择"文件"菜单中的"另存为"命令，在弹出的"另存为"对话框中可以修改工作簿名称、保存位置或文件类型，如图 7-22 所示。

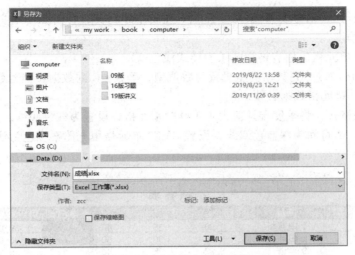

图 7-22 "另存为"对话框

实 训 项 目

【**实训 7-1**】创建工作簿"工资表.xlsx",在 Sheet1 工作表完成以下操作,结果如图 7-23 所示。

① 为工作表添加标题行"工资表":黑体、18 磅、行高 30,合并单元格并居中;为 A3:A12 单元格以自然数递增顺序添加序号(初始值为 001),重命名工作表为"2019 年度"。

② 设置 D3:D12 单元格为"*年*月"格式(年月以阿拉伯数字显示)的日期型数据;设置 F3:I12 单元格为货币型(包含 2 位小数)加人民币符号;设置职称只能在"教授、副教授、讲师、助教"中选择。

③ 为实发工资设置条件格式,应用红色数据条(渐变填充)显示。

④ 为 A2:I12 区域设置外边框:双实线;内边框:细单实线;为 A3:A12 单元格填充自定义蓝色(193,255,255)。

序号	姓名	性别	工作时间	职称	基本工资	岗位津贴	扣费	实发工资
					工资表			
001	刘选凯	男	1996年3月	教授	¥1,500.00	820	103.9	2216.1
002	张贝贝	女	1979年8月	讲师	¥800.00	620	560.3	859.7
003	郭晓童	女	1983年5月	讲师	¥800.00	580	156.5	1223.5
004	田永明	男	1949年8月	教授	¥1,500.00	900	147.6	2252.4
005	宋卫平	男	1962年7月	副教授	¥1,200.00	800	98.5	1901.5
006	李元铮	男	2000年6月	助教	¥600.00	450	50	1000
007	王心意	女	2001年7月	助教	¥600.00	450	50	1000
008	张丰	男	1998年7月	讲师	¥800.00	580	188.6	1191.4
009	魏语思	女	1985年9月	副教授	¥1,200.00	780	137.8	1842.2
010	杨旭	男	1995年4月	讲师	¥800.00	550	202.1	1147.9

图 7-23 实训 7-1 完成效果

【**实训 7-2**】创建工作簿"销售表.xlsx",在 Sheet1 工作表完成以下操作,结果如图 7-24 所示。

① 添加标题行："销售表"，隶书、16磅，中部居中对齐，行高25，合并单元格；设置工作表标签为"一季度"。

② 对 A2:G7 单元格应用表格样式（表样式浅色9）。

③ 设置 C、D、E、F 列数据类型设置为数值型，整数；G 列数据类型为数值型，保留1位小数；设置 C3:E7 单元格数据必须>=0。

④ 应用条件格式，将季度合计值大于100的单元格，设置为红色底纹，并字体加粗倾斜。

⑤ 设置第2、3行间为深蓝色双线，设置 C3:E7 单元格填充图案颜色为浅蓝色，图案样式为6.25%灰色。

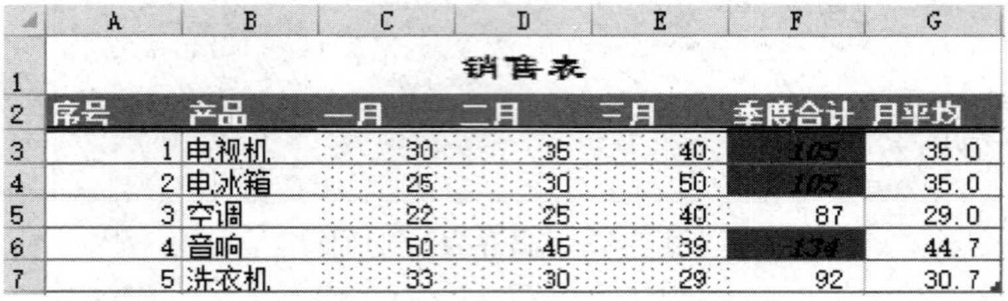

	A	B	C	D	E	F	G
1				销售表			
2	序号	产品	一月	二月	三月	季度合计	月平均
3	1	电视机	30	35	40	105	35.0
4	2	电冰箱	25	30	50	105	35.0
5	3	空调	22	25	40	87	29.0
6	4	音响	50	45	39	134	44.7
7	5	洗衣机	33	30	29	92	30.7

图 7-24 实训 7-2 完成效果

思考与练习

① 利用填充柄分别对数据"A1""A""1"进行自动填充，填充的结果是什么样的？

② 在工作表中如何选择不连续的行、列或单元格？

③ 如何对大于或等于选定范围内数据平均值的单元格设置条件格式？

实验八　Excel 2016 公式与函数

实 验 目 的

① 掌握单元格的各种引用方式。
② 熟悉各种常见运算符，掌握公式的应用。
③ 熟悉函数的格式，掌握常用函数的应用。
④ 了解名称的定义与应用。

实 验 内 容

① 利用算术运算符、文本运算符、关系运算符完成公式计算。
② 应用 Sum()、Average()、Max()、Min()、If()、Rank()、Count()、Countif()，完成函数计算。
③ 应用名称完成计算。

实 验 案 例

【案例 8-1】利用公式与函数完成"成绩.xlsx"的成绩统计，如图 8-1 所示。

	A	B	C	D	E	F	G	H	I	J	K	L
1	序号	学院	班级	学号	姓名	性别	出生日期	大学英语	计算机	总分	评价	名次
2	1	航空工程学院	动力1503	20150816135	郑振伟	男	1997/2/28	81.0	91.34	172.3	优良	8
3	2	航空运输管理学院	商务1501	20150621011	甘宁	男	1997/3/22	91.0	93.12	184.1	优良	3
4	3	航空工程学院	电子1502	20150813060	黄拼狼	男	1996/10/21	67.0	96.44	163.4	优良	10
5	4	航空工程学院	电子1502	20150813058	陈曦	男	1997/6/17	98.0	77	175.0	优良	7
6	5	航空工程学院	电子1501	20150813008	李晓明	男	1997/6/17	64.0	88.02	152.0	合格	16
7	6	航空工程学院	动力1503	20150816137	钟鹏	男	1997/1/13	77.0	73.48	150.5	合格	18
8	7	航空工程学院	电子1501	20150816136	刘龙	男	1997/6/9	89.0	87.36	176.4	优良	6
9	8	航空工程学院	动力1503	20150816138	周华明	男	1996/10/13	79.0	79.76	158.8	合格	12
10	9	空中乘务学院	女乘1505	20150621011	于菲	女	1997/2/24	80.0	68.34	148.3	合格	20
11	10	航空运输管理学院	商务1501	20150621012	郭雅婷	女	1997/7/3	73.0	95.98	169.0	优良	9
12	11	航空工程学院	电子1502	20150813061	赖美龄	男	1997/1/8	91.0	64.44	155.4	合格	15
13	12	航空运输管理学院	商务1501	20150621014	张拼拼	女	1996/11/12	63.0	97.08	160.1	优良	11
14	13	航空工程学院	电子1502	20150813059	董辉	男	1996/3/21	48.0	62.86	110.9	不合格	24
15	14	航空工程学院	动力1503	20150816136	钟帆	男	1997/6/28	52.0	93.4	145.4	合格	21
16	15	空中乘务学院	女乘1505	20150621011	于拼淇	女	1997/1/13	88.0	98.08	186.1	优良	1
17	16	空中乘务学院	女乘1505	20150621011	于辰钰	女	1997/9/10	82.0	69.86	151.9	合格	17
18	17	航空工程学院	动力1503	20150816134	梁海高	男	1997/6/12	80.0	53.16	133.2	合格	23
19	18	航空运输管理学院	电子1501	20150621015	何异波	男	1997/6/14	72.0	65.16	137.2	合格	22
20	19	航空工程学院	电子1501	20150813010	刘凌雷	男	1997/6/19	86.0	70.76	156.8	合格	14
21	20	空中乘务学院	女乘1505	20150621011	佟寓思	女	1997/4/7	59.0	38.94	97.9	不合格	25
22	21	航空工程学院	电子1502	20150813062	李帆	男	1996/12/25	91.5	86.28	177.8	优良	4
23	22	航空工程学院	动力1503	20150816139	邹承航	男	1997/6/30	87.0	71.16	158.2	合格	13
24	23	航空运输管理学院	商务1501	20150821013	韩瑟琪	女	1997/1/14	92.0	92.3	184.3	优良	2
25	24	航空工程学院	电子1501	20150813012	刘权菲	男	1997/5/20	72.0	77.86	149.9	合格	19
26	25	空中乘务学院	女乘1505	20150621011	宋侍钰	女	1997/5/19	82.0	94.9	176.9	优良	5
27												
28		航空工程学院	15	60.00%			平均分	77.8	79.5			
29		航空运输管理学院	5	20.00%			最高分	98.0	98.1			
30		空中乘务学院	5	20.00%			最低分	48.0	38.9			
31		总人数	25									

图 8-1　本例效果

（1）在 Sheet1 中计算每位同学的总分，填入 J 列。

① 光标定位于 J2 单元格，在其中输入"=H2+I2"，并按【Enter】键确认，以表示计算 H2 与 I2 单元格内数字之和，如图 8-2 所示。公式中的 H2 与 I2 均为单元格名称，使用时可以直接输入（不区分大小写），也可以用鼠标点选。

② 选中 J2 单元格，向下拖动填充柄到 J26 单元格，完成公式自动填充。

③ 本例也可以用 SUM() 函数完成，如图 8-3 所示。光标定位于 J2 单元格，单击"公式"选项卡→"函数库"选项组中的"插入函数"按钮，弹出"插入函数"对话框，如图 8-4 所示，在"选择函数"组中的列表中选择 SUM 函数选项，在弹出的"函数参数"对话框中，定位光标于 Number1 参数框，用鼠标拖动选择 H2:I2 单元格即可，如图 8-5 所示。

注：单元格应用公式与函数后，默认在单元格内显示计算结果，但用户可以在编辑栏中查看具体公式与函数表达式，或双击该单元格查看其表达式。

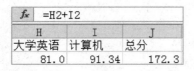
图 8-2　利用加法公式计算总分

图 8-3　利用 SUM() 函数计算总分

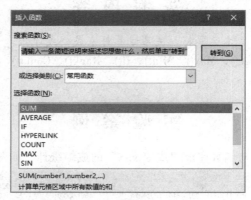
图 8-4　"插入函数"对话框

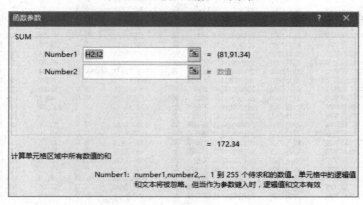
图 8-5　"SUM 函数参数"对话框

（2）在 Sheet1 中计算每门课程的平均分（保留 2 位小数）、最高分与最低分。

① 光标定位于 H28 单元格，单击"插入函数"按钮，在弹出的"插入函数"对话框中，

选择 AVERAGE 函数选项，在弹出的"函数参数"对话框中，修改 Number1 参数为 H2:H26，以计算平均分，如图 8-6 所示。完成计算后，右击该单元格，在快捷菜单中选择"设置单元格格式"命令，在打开的"设置单元格格式"对话框→"数字"选项卡中，选择"数值"选项，在"小数位数"微调按钮中输入 2。向右拖动填充柄，同理得计算机课程平均分。

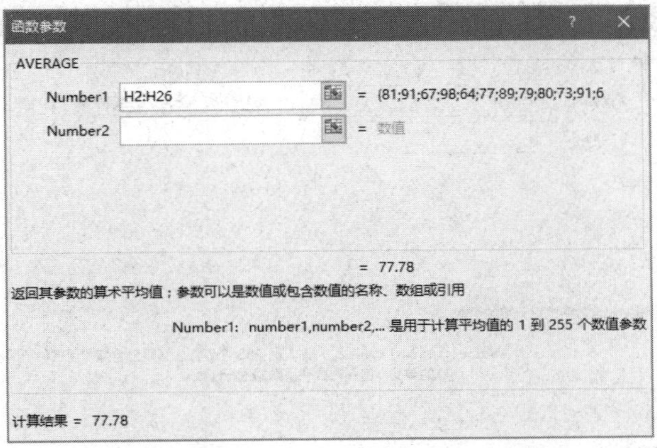

图 8-6 "AVERAGE 函数参数"对话框

② 光标定位于 H29 单元格，直接输入"=MAX"，在下方弹出提示函数列表，双击选择 MAX 函数，然后用鼠标选择 H2:H26，以计算最大值，即最高分，最后按【Enter】键自动补全函数括号。向右拖动填充柄，同理得计算机课程最高分。

注：也可以在单元格内直接输入整个函数以完成计算，如本例也可以直接输入"=MAX(H2:H26)"，但这要求对函数参数的构成比较熟悉。

③ 光标定位于 H30 单元格，单击"插入函数"按钮，在弹出的"插入函数"对话框中，选择 MIN 函数选项，在弹出的"函数参数"对话框中，修改 Number1 参数为 H2:H26，以计算最小值，即最低分。向右拖动填充柄，同理得计算机课程最低分。

注：若"插入函数"对话框中没有对应的函数名称，可在上方"或选择类别"的下拉列表中选择函数对应类别，如 MIN（）函数属于统计函数，如 8-7 所示；也可以在"搜索函数"框中输入需使用函数的简短描述，再单击"转到"按钮，从推荐列表中进行选择。

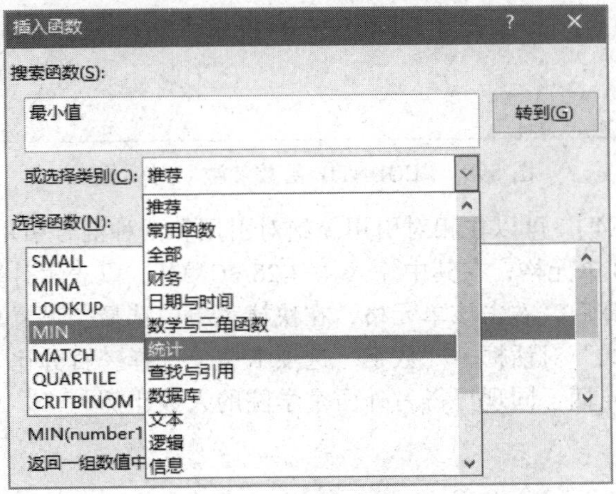

图 8-7 插入 MIN 函数

（3）在 Sheet1 中计算成绩表中的总人数，每个学院的人数及所占比例。

① 光标定位于 C31 单元格，单击"插入函数"按钮，在弹出的"插入函数"对话框中，选择 COUNT 函数选项，在弹出的"函数参数"对话框中，修改 Value1 参数为 H2:H26（或者任一数值列如 G 列、I 列或 J 列均可），以计算总人数，如图 8-8 所示。

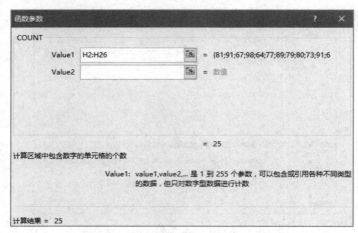

图 8-8　"COUNT 函数参数"对话框

② 光标定位于 C28 单元格，单击"插入函数"按钮，在弹出的"插入函数"对话框中，选择"统计"类别中的 COUNTIF 函数选项，在弹出的"函数参数"对话框中，设置 Range 参数为 $B$2:$B$26（此处应为绝对引用），设置 Criteria 参数为 B28，表示从学院列中计数"航空工程学院"有多少个，如图 8-9 所示。向下拖动 C28 填充柄到 C30，同理可得另外两个学院的人数统计。

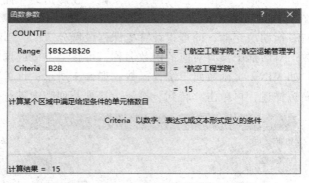

图 8-9　"COUNTIF 函数参数"对话框

注：利用功能键【F4】，可以在相对引用、绝对引用和两种混合引用之间进行切换。

③ 光标定位于 D28 单元格，在其中输入"=C28/$C$31"，以表示计算航空工程学院人数占总人数的比例；完成计算后，右击该单元格，在快捷菜单中选择"设置单元格格式"命令，在打开的"设置单元格格式"对话框→"数字"选项卡中，选择"百分比"选项，将该比例显示为百分数，向下拖动填充柄，同理可得另外两个学院的人数比例。

（4）在 Sheet1 中为每位同学添加评价：总分 160 分及以上为优良，120-160 为合格，其余为不合格。

① 光标定位于 K2 单元格，单击"插入函数"按钮，在弹出的"插入函数"对话框中，选择"逻辑"函数类别中的 IF 函数选项，在弹出的"函数参数"对话框中，设置 Logical_test 为 J2>=160，设置 Value_if_true 为"优良"，如图 8-10（a）所示；将光标定位于 Value_if_false 框中后，再次单击名称框中的 IF 函数，打开第二个 IF"函数参数"对话框。此时观察编辑栏中的函数表达式，可以看到此为函数嵌套，即以某函数作为另一个函数的一个参数，如图 8-10（b）所示。

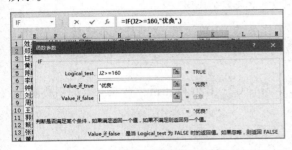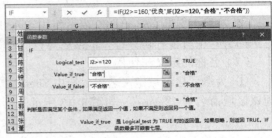

（a）"外层 IF 函数参数"对话框　　　　（b）"内嵌 IF 函数参数"对话框

图 8-10　"IF 函数参数"对话框

② 在打开的第二个"函数参数"对话框中，设置 Logical_test 为 J2>=120（因为该条件是在不满足第一个条件 J2>=160 时才会判断的，所以此时默认是 J2<160），设置 Value_if_true 为"合格"，设置 Value_if_false 为"不合格"，如图 8-10（b）所示。

③ 向下拖动 K2 单元格填充柄到 K26 单元格，完成对所有学生评价的添加。

（5）在 Sheet1 中为每位同学按总分从高到底排名。

① 光标定位于 L2 单元格，单击"插入函数"按钮，在弹出的"插入函数"对话框中，选择"兼容性"函数类别中的 RANK 函数选项，在弹出的"函数参数"对话框中，设置 Number 为 J2，设置 Ref 为 $J$2:$J$26，因为从大到小为降序故 Order 项可填写为 0 或不填，如图 8-11 所示（若需要升序排列，输入任一非 0 值）。

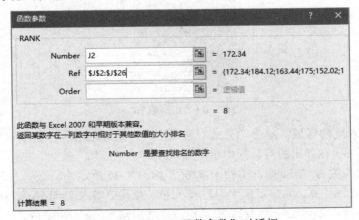

图 8-11　"RANK 函数参数"对话框

② 向下拖动 L2 单元格填充柄到 L26 单元格，完成学生名次的添加。

（6）跨表三维引用，计算两个学期郑振伟同学的计算机成绩总分。

① 光标定位于 zzw 表 A5 单元格，在其中输入 "=Sheet1!E2&" 的计算机总分是 "&Sheet1!I2+Sheet2!H12"，显示结果为 "郑振伟的计算机总分是 184.04"，如图 8-12 所示，（同样可以单击不同工作表的单元格以选择该单元格）。

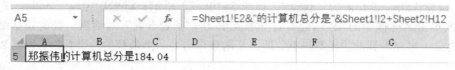

图 8-12　三维引用及文本连接符的应用

② 本公式分析：Sheet1!E2 表示引用 Sheet1 工作表的 E2 单元格，&则是文本连接符。另外，本例的公式中有多种运算符，依据运算符的运算优先顺序，先完成算术运算再完成文本运算。

（7）名称的定义与使用。

① 为单元格区域定义名称。选中 Sheet2 工作表的 G2：H26 单元格，在左上方的名称框内为该区域命名为 "Score"，如图 8-13 所示。

	G	H
1	大学英语	计算机
2	96	77.5
3	64	85.7
4	99	89.4
5	45	85.8
6	94	91
7	89.5	78.8
8	30	74.7
9	86.5	85.4
10	95.5	92.5
11	68.5	79.8
12	91	92.7
13	61.6	75.8
14	66	85.3
15	99.5	92.4
16	63.2	73
17	56	90.3
18	91	76.1
19	76	85.3
20	97	91.9
21	76	81
22	73	75.4
23	97	94.2
24	69.3	78.6
25	94.5	87.6
26	77.5	88.8

图 8-13　定义名称

② 修改名称对应的区域。单击 "公式" 选项卡→ "定义的名称" 选项组中的 "名称管理器"，如图 8-14 所示，在弹出的对话框中单击 Score，单击 "编辑" 按钮，在弹出的 "编辑名称" 对话框中修改引用位置为 "=Sheet2!$G$2:$G$26"，如图 8-15 所示。

③ 应用名称进行计算。光标定位于 G27 单元格，在其中输入 "=MAX(score)"，计算出大学英语成绩中的最高分；光标定位于 G28 单元格，在其中输入 "=MIN(score)"，计算出大学英语成绩中的最低分，如图 8-16 所示。

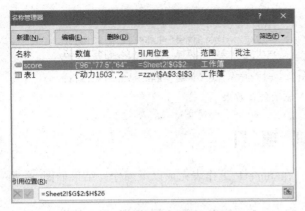

图 8-14　"名称管理器"对话框

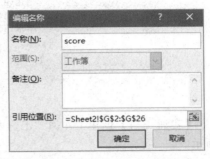

图 8-15　"编辑名称"对话框

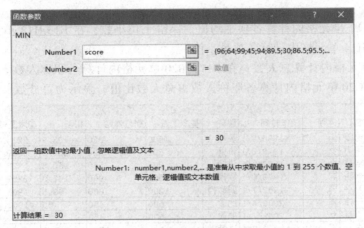

图 8-16　应用名称作为参数

（8）公式审核。

① 追踪引用单元格与从属单元格。选中 Sheet1 工作表的 C28 单元格，单击"公式"选项卡→"公式审核"选项组中的"追踪引用单元格"按钮，如图 8-17 所示，可以显示该单元格对应公式或函数使用了哪些参数单元格；单击"追踪从属单元格"按钮，可以显示哪些单元格的公式或函数引用了该单元格作为参数，如图 8-18 所示；单击"移动箭头"按钮或其下拉菜单中的"移去引用单元格箭头"/"移去从属单元格箭头"命令，可以取消单元格的追踪。

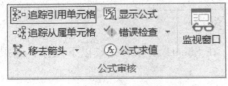

图 8-17　"公式审核"选项组

图 8-18　追踪单元格效果

② 显示公式。单击"公式"选项卡→"公式审核"选项组中的"显示公式"按钮，可以在结果单元格中显示本工作表中所有公式与函数，如图 8-19 所示。若再次单击"显示公式"按钮则在单元格中显示计算结果。

H	I	J	K	L
大学英语	计算机	总分	评价	名次
81	91.34	=SUM(H2:I2)	=IF(J2>=160,"优良"	=RANK(J2, $J$2:$J$2
91	93.12	=SUM(H3:I3)	=IF(J3>=160,"优良"	=RANK(J3, $J$2:$J$2
67	96.44	=SUM(H4:I4)	=IF(J4>=160,"优良"	=RANK(J4, $J$2:$J$2
98	77	=SUM(H5:I5)	=IF(J5>=160,"优良"	=RANK(J5, $J$2:$J$2

图 8-19　显示公式效果

实 训 项 目

【实训 8-1】创建工作簿"工资表.xlsx"，在 Sheet1 工作表完成以下操作，结果如图 8-20 所示。

① 在 H2：H11 单元格内计算每个职工的实发工资（实发工资=基本工资+岗位津贴−扣费），并保留两位小数。

② 在 E12:H12 单元格内计算各项平均值，保留 1 位小数；在 E13:H13 单元格内计算各项最大值；在 E14:H14 单元格内计算各项最小值。

③ 在 B21 单元格内计算总人数；在 B17：B20 单元格内计算各职称人数。

④ 在 C17：C20 单元格内计算各职称人数占总人数比值，显示为百分数，保留 1 位小数。

	A	B	C	D	E	F	G	H
1	姓名	性别	工作时间	职称	基本工资	岗位津贴	扣费	实发工资
2	刘选凯	男	1996/3/1	教授	1500	820	103.9	2216.10
3	张贝贝	女	1979/8/1	讲师	800	620	560.3	859.70
4	郭晓童	女	1983/5/1	讲师	800	580	156.5	1223.50
5	田永明	男	1949/8/1	教授	1500	900	147.6	2252.40
6	宋卫平	男	1962/7/1	副教授	1200	800	98.5	1901.50
7	李元铮	男	2000/6/1	助教	600	450	50	1000.00
8	王心意	女	2001/7/1	助教	600	450	50	1000.00
9	张丰	男	1998/7/1	讲师	800	580	188.6	1191.40
10	魏语思	女	1985/9/1	副教授	1200	780	137.8	1842.20
11	杨旭	男	1995/4/1	讲师	800	550	202.1	1147.90
12	平均值				980.0	653.0	169.5	1463.5
13	最高				1500	900	560.3	2252.4
14	最低				600	450	50	859.7
15								
16	职称	人数	占比					
17	教授	2	20.0%					
18	副教授	2	20.0%					
19	讲师	4	40.0%					
20	助教	2	20.0%					
21	总人数	10						

图 8-20　实训 8-1 完成效果

【实训 8-2】创建工作簿"项目开发费用表.xlsx"，在 Sheet1 工作表完成以下操作，结果如图 8-21 所示。

① 在 E3：E8 单元格内利用函数计算各类奖项合计。

② 在 B9：D9 单元格内计算各奖项平均，保留两位小数。

③ 在 G3：G8 单元格内按一等奖数量划分等级，若一等奖数量在 22 以上（含 22）则为"A"，若在 20 以下（不含 20）则为"C"，否则为"B"。

④ 在 F3：F8 单元格内按一等奖数量对各单位以从多到少的顺序排序。

⑤ 在 G9 单元格内计算等级为 A 的单位数量。

	A	B	C	D	E	F	G
1	某竞赛获奖情况表						
2	单位	一等奖	二等奖	三等奖	奖项合计	排名	等级
3	一区	14	48	39	101	6	C
4	二区	20	26	24	70	5	B
5	三区	22	36	48	106	3	A
6	四区	26	25	26	77	1	A
7	五区	24	18	22	64	2	A
8	六区	21	25	28	74	4	B
9	平均	21.17	29.67	31.17	A等级单位数量		3

图 8-21 实训 8-2 完成效果

思考与练习

① 若 A2 单元格内有公式 "=A1+B1"，则将 A2 单元格复制到 B2 单元格与将 A2 单元格移动到 B2 单元格后的公式有何区别？

② 对单元格的引用有几种方式？什么时候使用绝对引用？什么时候使用相对引用？

③ COUNTIF 函数可以按条件进行计数，那么 SUMIF 函数的功能是什么？该如何使用？

实验九 Excel 2016 图表操作

实 验 目 的

① 了解 Excel 图表的种类与各种图表的特点。
② 掌握图表的创建操作。
③ 掌握图表的编辑操作。
④ 掌握对各图表元素的修饰操作。

实 验 内 容

① 创建簇状条形图与分离型饼图。
② 更改图表类型，并完成图表编辑。
③ 对图表进行修饰。

实 验 案 例

【案例 9-1】 打开工作簿"成绩.xlsx"，创建五位同学的成绩对比图，并完成如下编辑操作，完成后的效果如图 9-1 所示。

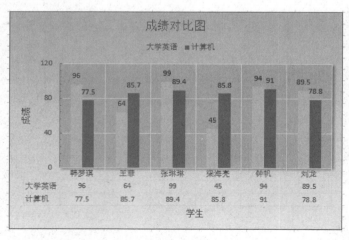

图 9-1 本例效果

（1）为 Sheet2 工作表的前五位同学创建"簇状条形图"，再修改为前六位同学的"簇状柱状柱形图"。

① 选择数据源。拖动选中 D1：D6 单元格，按住【Ctrl】键不释放，再选中 G1：H6 单元格，注意，不能先按【Ctrl】键再选择两个单元格区域。

② 单击"插入"选项卡→"图表"选项组中"插入柱形图或条形图"下拉按钮，在下拉列表中选择"二维条形图"中的"簇状条形图"选项，自动生成图表，如图 9-2 所示。

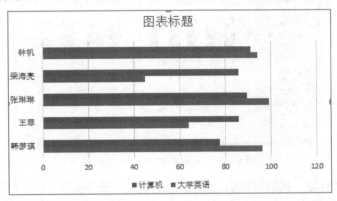

图 9-2　簇状条形图

注：本操作也可以通过单击"图表"选项组中的"推荐的图表"按钮，在打开的插入图表对话框（见图 9-3）中选择"簇状条形图"来完成。

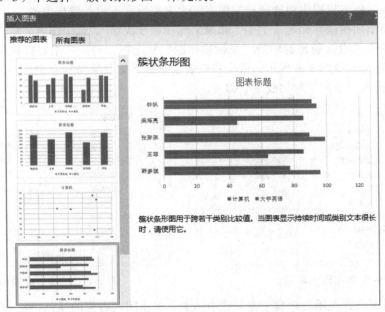

图 9-3　"推荐的图表"选项卡

（2）编辑图表。

① 更改图表类型为"簇状柱形图"。选中图表，浮出"图表工具-设计"选项卡，在"类型"选项组中单击"更改图表类型"按钮，在弹出的对话框中选择"柱形图"中的"簇状柱形图"选项，如图 9-4 所示，可以选择系列产生在列（左侧图表），也可以选择系列产生在行

（右侧图表）。

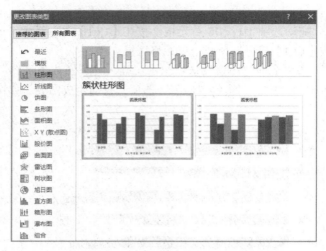

图 9-4 "更改图表类型"对话框

② 为图表添加标题"成绩对比图"。单击图表上端"图表标题"框，在其中输入标题即可。若生成的图表中没有图表标题则可以，在选中图表后，单击图表右侧的绿色+号，添加图表元素，勾选图表标题复选框，如图 9-5 所示。

注：添加图表元素，也可以通过在"图表工具–设计"选项卡→"图表布局"选项组中的"添加图表元素"的下拉列表中选择对应图表元素来完成，下边各例均类似。

③ 为图表添加横坐标标题"学生"和纵坐标标题"成绩"。选中图表，单击图表右侧的绿色+号，添加图表元素，勾选其中的"坐标轴标题"复选框，勾选"主要横坐标轴"和"主要纵坐标轴"复选框，如图 9-6 所示，就会在图表横坐标下方及纵坐标左侧出现"坐标轴标题"框，然后分别输入"学生"和"成绩"即可。

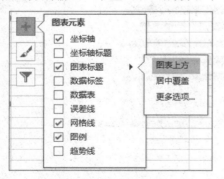

图 9-5 添加图表标题

图 9-6 添加坐标轴标题

④ 修改图例位置在图表标题下方。选中图表，单击图表右侧的绿色+号，添加图表元素，勾选其中的"图例"复选框，选择子菜单中的"顶部"命令，如图 9-7 所示，即可将图例放置于标题下方。

注：若需要将图表标题放置到其他位置，也可以直接拖动图表标题到指定位置。

⑤ 为数据系列添加数据标签。选中图表，单击图表右侧的绿色+号，添加图表元素，勾选"数据标签"复选框，选择子菜单中的"数据标签外"选项，如图 9-8 所示。

图 9-7 修改图例位置

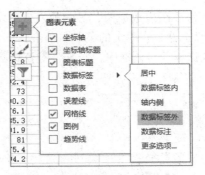
图 9-8 添加数据标签

⑥ 为图表添加数据表。选中图表，单击图表右侧的绿色+号，添加图表元素，勾选"数据表"复选框，选择子菜单中的"无图例项标示"选项，如图 9-9 所示。

⑦ 为图表添加主要垂直网格线。选中图表，单击图表右侧的绿色+号，添加图表元素，勾选"网格线"复选框，勾选子菜单中的"主轴主要垂直网络线"复选框，如图 9-10 所示。

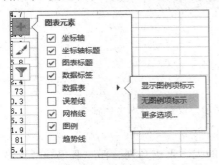
图 9-9 添加数据表

图 9-10 设置主要垂直网格线

⑧ 设置主要纵坐标轴刻度为 40，类型为内部。选中图表中的纵坐标，在快捷菜单中选择"设置坐标轴格式"命令，在右侧弹出"设置坐标轴格式"窗格；在其中的坐标轴选项栏中设置"单位"的"主要"为 40.0，如图 9-11 所示；设置刻度线"主要类型"和"次要类型"均为"内部"，如图 9-12 所示。

图 9-11 设置主要纵坐标轴刻度

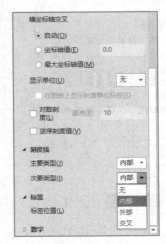
图 9-12 设置主要纵坐标轴类型

⑨ 修改图表数据源，显示前六位同学的成绩对比图。选中图表，单击图表右侧漏斗形状的图表筛选器，在弹出的菜单中单击右下角的"选择数据"按钮，如图 9-13 所示；在打开的"选择数据源"对话框中，修改"图表数据区域"，如图 9-14 所示。

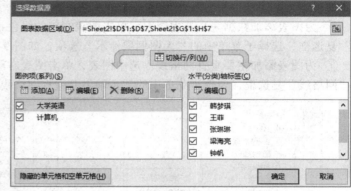

图 9-13　设置主要纵坐标轴刻度　　　　图 9-14　设置主要纵坐标轴类型

（3）修饰图表。

① 修改大学英语数据系列为橙色。选中图表中的大学英语系列（任一蓝色柱形区域），在"图表工具-格式"选项卡的"形状样式"选项组中，单击"形状填充"向下箭头，在弹出的颜色列表中选择橙色，如图 9-15 所示。

注：单击图表右侧画笔形状的图表样式按钮，还可以同时修改所有数据系列的颜色或样式，如图 9-16 所示。

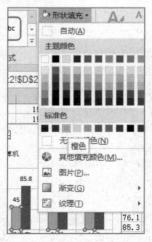

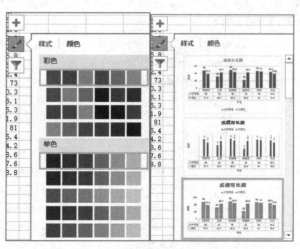

图 9-15　修改数据系列颜色　　　　　　图 9-16　设置图表样式与颜色

② 修改绘图区为浅绿色并设置外部阴影。选中图表绘图区，在"图表工具–格式"选项卡的"形状样式"选项组中，单击"形状填充"下拉按钮，在弹出的颜色列表中选择浅绿色选项；单击"形状效果"下拉按钮，在弹出的下级菜单中选择"阴影"-"外部"-"右下斜偏移"命令，如图 9–17 所示。

③ 修改图表区为浅色渐变填充，并添加红色边框。选中图表区，在"图表工具–格式"选项卡的"形状样式"选项组中，单击"形状填充"下拉按钮，在弹出的下拉列表中选择"渐变"→"浅色变体"→"–线性向下"选项，如图 9–18 所示；单击"形状填充"下拉按钮，在弹出的颜色列表中选择红色。

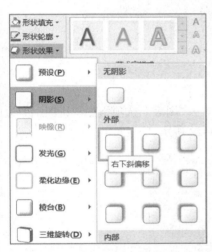

图 9–17 设置绘图区阴影效果

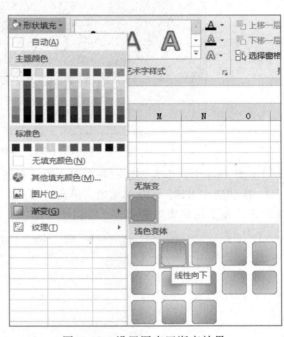

图 9–18 设置图表区渐变效果

④ 修改图表高度为 9 厘米。选中图表，在"图表工具–格式"选项卡的"大小"选项组中，设置"高度"为 9 厘米，如图 9–19 所示。

⑤ 将图表置于 J2 单元格，并横跨 J 列到 P 列。拖动图表空白处，当左上角靠近 J2 单元格时，按【Alt】键，使其上边界与左边界贴合 J2 单元格上边线与左边线；拖动图表右边界控制柄到 P 列，同样按【Alt】键使其右边界与 P 列右线线重合，效果如图 9–20 所示。

图 9–19 "大小"选项组

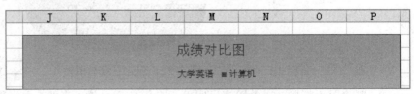

图 9–20 指定图表位置效果

【案例9-2】打开工作簿"成绩.xlsx",创建各学院人数分布图,如图9-21所示。

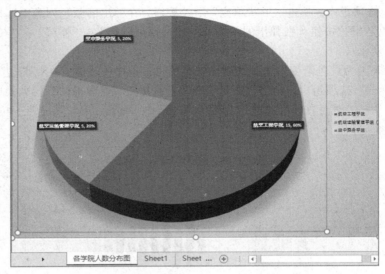

图9-21　本例效果

（1）为Sheet1工作表创建"各学院人数分布图"。

① 拖动选中B28：C30单元格,单击"插入"选项卡→"图表"选项组中"饼图"旁边的下拉按钮,在下拉列表中选择"三维饼图"选项,如图9-22所示。

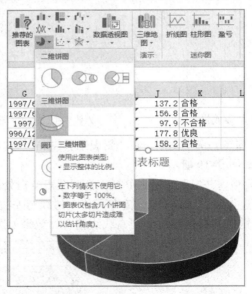

图9-22　创建三维饼图

② 删除图表标题。选中图表标题框,按【Delete】键。当然,本操作也可以通过在右侧"图表元素"子菜单中,取消勾选"图表标题"复选框来完成。

（2）编辑与修饰图表。

① 选中图表,在"图表工具-设计"选项卡的"图表布局"选项组中,单击"快速布局"

下拉按钮，在下拉列表中选择"布局 4"，如图 9-23 所示。

② 选中图表，在"图表工具-设计"选项卡的"图表样式"选项组中，单击"更改颜色"按钮，选择"彩色"-"颜色 2"选项；在样式框中选择"样式 3"选项，如图 9-24 所示。

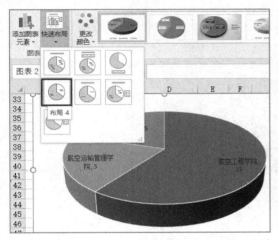

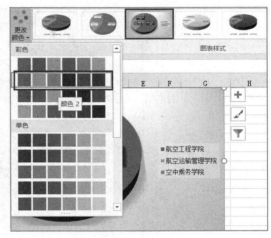

図 9-23　快速布局　　　　　　　　　　　　図 9-24　图表颜色与样式

③ 使图表成为独立图表（即工作表图表）。单击"图表工具-设计"选项卡的"位置"选项组中的"移动图表"按钮，在弹出的"移动图表"对话框中选择"新工作表"命令，并命名为各学院人数分布图，如图 9-25 所示。

④ 设置图表的数据标签为数据标注。在"图表工具-设计"选项卡的"图表布局"选项组中，单击"添加图表元素"下拉按钮，在下拉菜单中选择 "数据标签内"命令，在弹出的子菜单中选择"数据标签内"选项，如图 9-26 所示。

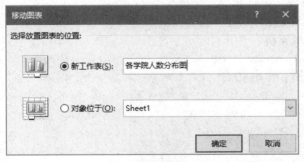

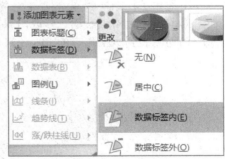

図 9-25　"移动图表"对话框　　　　　　図 9-26　修改数据标签

实 训 项 目

【实训 9-1】打开工作簿"工资表.xlsx"，在 Sheet1 工作表完成以下操作，结果如图 9-27 所示。

① 为 A16：B20 单元格创建饼图，修改图表标题为"各职称人数比例"。

② 添加"类别名称"及"百分比"数据标签，取消"值"数据标签，且标签位置为"居中"。

③ 设置图表样式为"样式 2"。

④ 移动图表使之成为独立图表，并命名为"各职称人数比例"，置于 Sheet1 工作表之后。

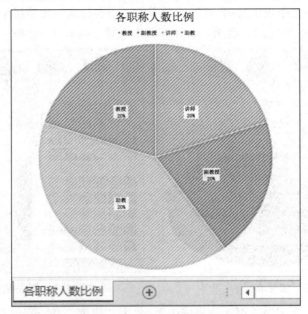

图 9-27　实训 9-1 完成效果

【实训 9-2】打开工作簿"销售表.xlsx"，在"一季度"工作表完成以下操作，结果如图 9-28 所示。

① 选择 B2：E7 单元格，创建"带数据标记的折线图"，切换行/列，使列产生在行。
② 修改图表标题为"销售量走势图"，深蓝色，加粗，16 磅。
③ 增加横坐标轴标题为"月份"，纵坐标轴标题为"销量"。
④ 修改图例至图表右端，修改图表区填充为纹理"蓝色面巾纸"。
⑤ 移动图表到本工作表的 B9：F24 单元格。

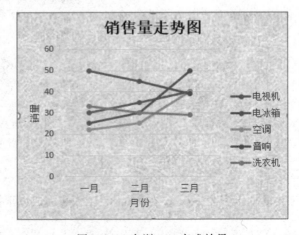

图 9-28　实训 9-2 完成效果

思考与练习

① 简单分析柱形图、饼图、折线图等不同的图表类型，都适合表示具有哪些特征的数据？

② 系列产生在行与系列产生在列有何区别，应该如何转换？

③ 选中图表后，怎样利用其右侧的"图表筛选器"查看图表的部分数据？

实验十　Excel 2016 数据管理

实 验 目 的

① 掌握数据表的排序和筛选操作。
② 掌握数据表的分类汇总操作。
③ 熟悉使用数据透视表对数据表进行分析的方法。
④ 了解宏的简单应用。

实 验 内 容

① 单关键字的简单排序与多关键字的复杂排序。
② 自动筛选功能与高级筛选功能。
③ 利用分类汇总完成数据统计。
④ 利用数据透视表完成数据分析。
⑤ 简单宏应用。

实 验 案 例

【案例 10-1】打开工作簿"成绩.xlsx",利用 Excel 的数据管理功能,完成数据的统计分析。

（1）数据准备。

单击工作表标签最右侧"新工作表"按钮⊕,新建工作表,命名为"排序",在表中的 A1：I26 单元格中复制 Sheet1 工作表的 B1：J26 单元格数据,设置为自动调整列宽;复制"排序"工作表三次,并分别更名为"筛选""分类汇总"及"数据透视表",如图 10-1 所示。

图 10-1　增加 4 张工作表

（2）在"排序"工作表中,完成简单排序与复杂排序。

① 按出生日期升序简单排序数据。在"排序"工作表中,选中 F 列（出生日期列）任一单元格,单击"数据"选项卡→"排序和筛选"选项组中的"升序"按钮↟↓,就可按出生日期从小到大排序所有数据行,如图 10-2 所示。

注：排序与筛选的操作也可以通过"开始"选项卡→"编辑"选项组中的"排序与筛选"

命令完成，如图 10-3 所示。

② 对每个学院的学生按成绩由高到低排序数据。将光标定位于数据清单内任一单元格，单击"数据"选项卡→"排序和筛选"选项组中的"排序"按钮，在弹出的对话框中，勾选"数据包含标题"复选框，设置"主要关键字"为学院，"次序"为升序，单击"添加条件"按钮，设置"次要关键字"为"总分"，"次序"为降序，如图 10-4 所示。

图 10-2 "排序和筛选"选项组

图 10-3 "排序和筛选"子菜单

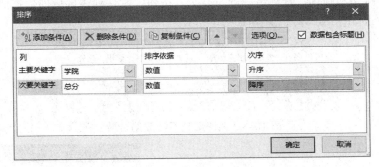

图 10-4 "排序"对话框

（3）在"筛选"工作表中，完成自动筛选及高级筛选。

① 自动筛选所有男生。在"筛选"工作表中，将光标定位于数据清单内任一单元格，单击"数据"选项卡→"排序和筛选"选项组中的"筛选"按钮 ，观察第 1 行每个字段名后均出现一个筛选箭头，单击"性别"列筛选箭头，在弹出的下拉列表中取消"女"复选框，就可以仅查看所有男生。注意观察，此时的"性别"列筛选箭头增加了一个漏斗标志，如图 10-5 所示。

	学院	班级	学号	姓名	性别	出生日期	大学英语	计算机	总分
1									
2	航空工程学院	电子1502	20150813062	李帆	男	1996/12/25	91.5	86.28	177.8

图 10-5 自动筛选

注：筛选后，数据只是被隐藏了，观察行号，可以发现行号呈蓝色且并不连续。

② 自动筛选所有总分在 180 以上或 150 以下的男生，结果如图 10-6 所示。在上一步骤的基础上，再单击"总分"列筛选箭头，在弹出的下拉列表中指向"数字筛选"命令，在其子菜单中单击"自定义筛选"命令，弹出"自定义自动筛选方式"对话框，设置总分"大于或等于"180，选中"或"单选按钮，设置总分"小于或等于"150，如图 10-7 所示。

③ 取消自动筛选。再次单击"总分"列筛选箭头，在弹出的下拉列表中勾选"全选"复选框，即可取消对总分的筛选；再次单击"数据"选项卡→"排序和筛选"选项组中的"筛选"按钮，则取消所有自动筛选且同时消除筛选箭头。

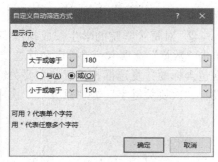

图 10-6　自动筛选后的数据结果　　　　图 10-7　"自定义自动筛选方式"对话框

④ 用高级筛选功能筛选出任一课程不及格的学生，结果如图 10-8 所示。首先建立条件区域，在 K1 和 L1 单元格内分别输入"大学英语"和"计算机"，在 K2 单元格内输入"<60"，在 L3 单元格内输入"<60"，如图 10-9 所示；然后，定位光标到数据清单任一单元格，再单击"数据"选项卡→"排序和筛选"选项组中的"高级"按钮，默认列表区域即数据清单范围，设置条件区域为"筛选!$K$1:$L$3"，如图 10-10 所示。

	D	E	F	G	H	I
1	姓名	性别	出生日期	大学英语	计算机	总分
14	董辉	男	1996/3/21	48.0	62.86	110.9
15	钟帆	男	1997/6/28	52.0	93.4	145.4
18	梁海亮	男	1997/6/12	80.0	53.16	133.2
21	佟禹思	女	1997/4/7	59.0	38.94	97.9

图 10-8　高级筛选后的数据结果

图 10-9　筛选条件　　　　　图 10-10　"高级筛选"对话框

注：对于条件区域的设置，行与行之间是"或"的关系，列与列之间是"与"的关系，故本例中条件的设置表示的是"大学英语<60 且计算机无条件，或者，计算机<60 且大学英语无条件"，即"大学英语<60 或计算机<60"。

⑤ 取消高级筛选。单击"数据"选项卡→"排序和筛选"选项组中的"清除"按钮。

（4）在"分类汇总"工作表中，完成分类汇总操作。

注：分类汇总操作分两个步骤，一是分类（通常利用用"排序"命令实现）；二是汇总（通常用"分类汇总"命令实现）。

① 按"班级"分类。在"分类汇总"工作表中，定位光标到"班级"列的任一单元格，单击"数据"选项卡→"排序和筛选"选项组中的"升序"按钮，此时，相同班级的数据被集中到了一起。

② 对"总分"汇总，结果如图 10-11 所示。单击"数据"选项卡→"分级显示"选项组中的"分类汇总"按钮，在弹出的对话框中，设置"分类字段"为"班级"，设置"汇总方式"为"平均值"，勾选"选定汇总项"为"总分"，如图 10-12 所示。

1 2 3		A	B	C	D	E	F	G	H	I
	1	学院	班级	学号	姓名	性别	出生日期	大学英语	计算机	总分
	2	航空工程学院	电子1501	20150813008	李晓明	男	1997/6/17	64.0	88.02	152.0
	3	航空工程学院	电子1501	20150813011	刘龙	男	1997/6/9	89.0	87.36	176.4
	4	航空工程学院	电子1501	20150813010	刘凌霄	男	1997/6/19	86.0	70.76	156.8
	5	航空工程学院	电子1501	20150813012	刘权苇	男	1997/5/20	72.0	77.86	149.9
	6		电子1501 平均值							158.8
	7	航空工程学院	电子1502	20150813060	黄琳琅	男	1996/10/21	67.0	96.44	163.4
	8	航空工程学院	电子1502	20150813058	陈曦	男	1997/6/17	98.0	77	175.0
	9	航空工程学院	电子1502	20150813061	赖美龄	男	1997/1/8	91.0	64.44	155.4
	10	航空工程学院	电子1502	20150813059	董辉	男	1996/3/21	48.0	62.86	110.9
	11	航空工程学院	电子1502	20150813062	李帆	男	1996/12/25	91.5	86.28	177.8
	12		电子1502 平均值							156.5

图 10-11　分类汇总后的数据结果

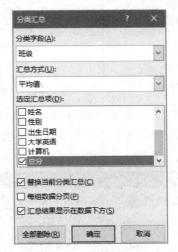

图 10-12　"分类汇总"对话框

注：在分类汇总后，左侧出现分级按钮，通过单击上方数字或 □、⊞ 按钮，可以隐藏或显示明细数据，如图 10-13 所示。

1 2 3		A	B	C	D	E	F	G	H	I
	1	学院	班级	学号	姓名	性别	出生日期	大学英语	计算机	总分
+	6		电子1501 平均值							158.8
+	12		电子1502 平均值							156.5
+	19		动力1503 平均值							153.1
+	25		女乘1505 平均值							152.2
+	31		商务1501 平均值							166.9
-	32		总计平均值							157.3

图 10-13　隐藏明细数据

③ 取消分类汇总。单击"数据"选项卡→"分级显示"选项组中的"分类汇总"按钮，在弹出的对话框中，单击左下角的"全部删除"按钮即可。

（5）在"数据透视表"工作表中创建数据透视表完成数据统计分析。

① 创建数据透视表。光标定位于"数据透视表"工作表数据清单任一单元格，单击"插入"选项卡→"表格"选项组的"数据透视表"按钮，弹出"创建数据透视表"对话框，默认

已选择了数据清单为要分析的数据，设置"选择放置数据透视表的位置"为"现在工作表"，并设置位置为"数据透视表!$L$6"，如图 10-14 所示。此时在 L6：N23 单元格区域出现数据透视表框架，且右侧出现"数据透视表字段列表"窗格，如图 10-15 所示。

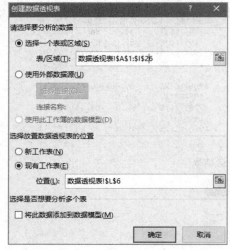

图 10-14 "创建数据透视表"对话框

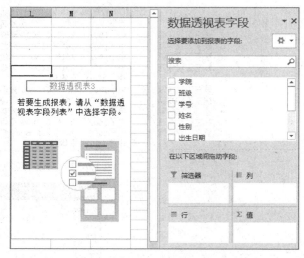

图 10-15 "数据透视表框架与字段"窗格

注：也可以通过单击"表格"选项组的"推荐的数据透视表"按钮，在弹出的"推荐的数据透视表"对话框中选择系统认为的最适合当前数据的一组自定义数据透视表，如图 10-16所示。

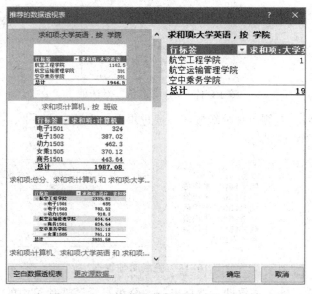

图 10-16 "推荐的数据透视表"对话框

② 按学院、班级查看大学英语与计算机的平均分。拖动右侧窗格中的"学院"字段到"列"，拖动"班级"字段到"行"，拖动"大学英语"和"计算机"字段到"值"。单击"数值"中"求和项：大学英语"右侧箭头，在下级菜单中选择"值字段设置"命令，在弹出的对话框中选择

"计算类型"为平均值,如图 10-17 所示;同理完成"计算机"成绩的平均值显示,如图 10-18 所示。

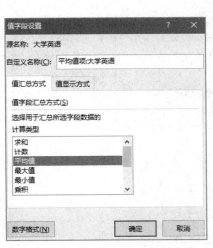

图 10-17 "值字段设置"对话框

图 10-18 按学院、班级查看各科平均分

③ 按学院、班级、性别查看各课程平均分。拖动"学院"字段到"筛选器",拖动"性别"到"行"中班级之后。观察数据透视表,若在 M4 单元格的下拉列表中选择某学院可以单独查看该学院统计数据,若选择全部则可以查看所有学院统计数据,如图 10-19 所示。

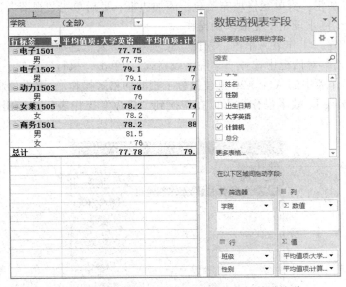

图 10-19 按学院、班级、性别查看各科平均分

④ 交换"行标签"中行"班级"与"性别"字段的位置,如图 10-20 所示,观察数据统计结果与之前的区别:前例中"班级"在"性别"前,故是按每个班级再分男女生统计各科平均分;本例中,"性别"在"班级"前,则是按男女性别再分班级统计各科平均分。

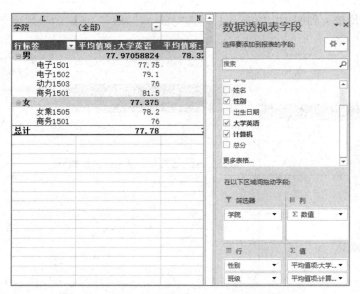

图 10-20　按学院、性别、班级查看各科平均分

【案例 10-2】在工作簿"成绩.xlsx"中，完成如下简单宏应用。

（1）录制宏并应用。

① 选择 Sheet2 工作表，单击"视图"选项卡→"宏"选项组中的"宏"→"录制宏"，在弹出的对话框中设置"宏名"为"学院字段格式"，设置快捷键为【Ctrl+g】，添加"说明"为"设置学院字段基本格式"；其后进入录制阶段，完成以下操作：选中 A1：A26 单元格，设置字体为 12 磅、红色、加粗，为单元格填充黄色，添加边框；最后单击"视图"选项卡→"宏"选项组中的"宏"→"停止录制"完成录制操作。

② 切换到"排序"工作表，单击"视图"选项卡→"宏"选项组中的"宏"→"查看宏"按钮，在弹出的"宏"对话框中选择"学院字段格式"，单击"执行"按钮，如图 10-21 所示。执行后，"排序"工作表中的 A1：A26 也被执行了相同的格式操作。（因为录制宏时指定了本操作的快捷键为【Ctrl+g】，故本操作也可以在切换到"排序"工作表后直接用快捷键【Ctrl+g】完成。）

图 10-21　"宏"对话框

注：执行宏操作后是不能撤销的。

③ 在"宏"对话框中单击"编辑"按钮，可以打开 Microsoft Visual Basic for Applications 窗口，在其中可以查看、修改对应操作代码，如图 10-22 所示。

图 10-22　学院字段格式设置代码

（2）简单 VBA 编程。

① 右击 Sheet2 工作表标签，在弹出的菜单中选择"查看代码"命令，打开 Microsoft Visual Basic for Applications 代码编辑窗口，在其中输入如图 10-23 所示代码，完成后关闭该窗口。该段代码表示首先选择 D 列，在 D 列前插入一个新列，选中 D1 单元格并输入文字"年级"；然后从第 3 列中提取每个学号的前 4 个字符，填入第 4 列中。

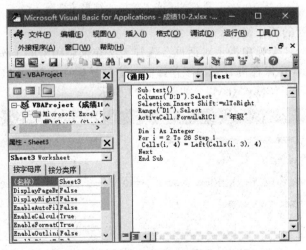

图 10-23　提取年级信息操作代码

② 单击"视图"选项卡→"宏"选项组中的"宏"→"查看宏"按钮，在弹出的对话框中可以看到名为 Sheet3.test 的宏，如图 10-24 所示。

图 10-24 "宏"对话框

③ 在宏对话框中选择 Sheet3.test，单击右侧"执行"按钮，即可在学号与姓名列之间插入新列，并填入新列名为"年级"及在年级列填入从学号中提取年级信息，如图 10-25 所示。

	A	B	C	D	E	F	G	H	I
1	学院	班级	学号	年级	姓名	性别	出生日期	大学英语	计算机
2	航空运输管理学院	商务1501	20150621013	2015	韩梦琪	女	1997/1/14	96	77.5
3	空中乘务学院	女乘1505	20150621011	2015	于菲	女	1997/2/24	64	85.7
4	航空运输管理学院	商务1501	20150621014	2015	张琳琳	女	1996/11/12	99	89.4
5	航空工程学院	动力1503	20150816134	2015	梁海亮	男	1997/6/12	45	85.8
6	航空工程学院	动力1503	20150816136	2015	钟帆	男	1997/6/28	94	91
7	航空工程学院	电子1501	20150813011	2015	刘龙	男	1997/6/9	89.5	78.8
8	空中乘务学院	女乘1505	20150621011	2015	佟禹思	女	1997/4/7	30	74.7
9	航空工程学院	电子1502	20150813062	2015	李帆	男	1996/12/25	86.5	85.4
10	空中乘务学院	女乘1505	20150621011	2015	宋佳钰	女	1997/5/19	95.5	92.5
11	航空工程学院	电子1501	20150813010	2015	刘凌霄	男	1997/6/19	68.5	79.8
12	航空工程学院	动力1503	20150816135	2015	郑振伟	男	1997/2/28	91	92.7

图 10-25 执行 Sheet3.test 后的结果（部分）

（3）保存启用了宏的工作簿。

直接保存工作簿时，会弹出提示对话框，告知无法在未启用宏的工作簿中保存 VB 项目，如图 10-26 所示；故若要保存带有宏的工作簿时，应选择保存类型为"Excel 启用宏的工作簿(*.xlsm)"，而非"Excel 工作簿(*.xlsx)"，如图 10-27 所示。

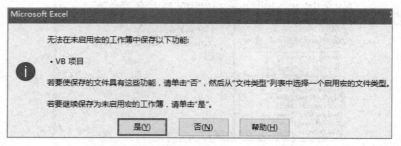

图 10-26 "无法保存 VB 项目"提示对话框

图 10-27 保存为启用宏的工作簿

实 训 项 目

【实训 10-1】创建工作簿"选修课程成绩单.xlsx"，在对应工作表完成以下操作，结果如图 10-28 所示。

① 利用自动筛选功能，筛选出所有"自动控制"系的同学。

② 对筛选出来的数据按课程名称升序排序，若课程名称相同则按成绩由高到底排序。

③ 对排序后的数据，以"课程名称"为分类字段，以"平均值"为汇总方式，以"成绩"为汇总项，完成分类汇总。

	A	B	C	D	E
1	系别	学号	姓名	课程名称	成绩
4	自动控制	993023	张磊	多媒体技术	75
6				多媒体技术 平	75
9	自动控制	993026	钱民	多媒体技术	66
11				多媒体技术 平	66
13	自动控制	993053	李英	计算机图形学	93
14				计算机图形学	93
19	自动控制	993082	黄立	计算机图形学	85
20				计算机图形学	85
23	自动控制	993023	张磊	计算机图形学	65
24				计算机图形学	65
27	自动控制	993021	张在旭	计算机图形学	60
28				计算机图形学	60
30	自动控制	993053	李英	人工智能	79
31				人工智能 平均	79
36	自动控制	993021	张在旭	人工智能	75
37				人工智能 平均	75
39				总计平均值	74.8

图 10-28　实训 10-1 完成效果

【实训 10-2】创建工作簿"教材销售表.xlsx"，在对应工作表完成以下操作，结果如图 10-29 所示。

① 利用自动筛选功能，筛选出订购数量在 3000 本以上的订单。

② 对筛选出来的数据按省份升序排序，若省份相同则按城市长序排序。

③ 在 B23 单元格建立如图 10-29 所示数据透视表。

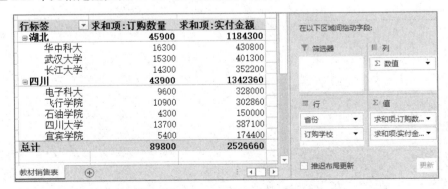

图 10-29　实训 10-2 完成效果

思考与练习

① 在"排序"对话框中，是否勾选"数据包含标题"复选框对排序结果有何影响？

② 如何按单元格颜色或按字体颜色进行自动筛选？若要表示条件之间"或"的运算关系，应怎样设置高级筛选的条件？

③ 如何调出或隐藏"数据透视表字段"窗格？

实验十一　演示文稿基本操作

实 验 目 的

① 掌握 PowerPoint 2016 的启动与退出方法。
② 掌握 PowerPoint 2016 的常用选项卡和工具按钮的使用。
③ 掌握创建、打开、保存演示文稿的方法。
④ 掌握在幻灯片中使用文本、图片、艺术字等对象的基本操作。

实 验 内 容

① PowerPoint 2016 的启动与退出。
② 演示文稿的创建。
③ 演示文稿中对象的编辑。
④ 美化演示文稿。

实 验 案 例

【案例 11-1】制作一份以个人简介为主题的演示文稿。

操作步骤:

（1）启动 PowerPoint 2016。

在 Windows 10 环境下 PowerPoint 2016 是运行的应用程序，启动方法与启动其他应用程序的方法相似，常用的有以下 3 种。

① 从"开始"菜单中启动。

单击"开始"按钮，选择"所有程序"→PowerPoint 2016 命令，即可启动 PowerPoint。

② 通过快捷方式启动。

用户可以在桌面上为 PowerPoint 2016 应用程序创建快捷图标，双击该快捷图标即可启动 PowerPoint 2016。

③ 通过文档启动。

用户可以通过打开已存在的演示文稿启动 PowerPoint，其方法如下：在资源管理器中，找到要编辑的 PowerPoint 2016 演示文稿，直接双击此文稿即可启动 PowerPoint 2016。

通过已存在文件启动 PowerPoint 2016 的方法不仅会启动该应用程序，而且将在 PowerPoint 2016 中打开选定的演示文稿，适合于启动 PowerPoint 2016 是为了编辑或查看一个已存在文件的用户。

PowerPoint 2016 启动后默认处于普通视图下，用户可通过"视图"选项卡或状态栏上的切换按钮切换视图。

（2）创建空白演示文稿。

用前 2 种方法启动的 PowerPoint 2016 在启动后，会自动进入"开始面板"，该面板左侧列出最近编辑过的演示文稿，右侧用于新建演示文稿。用户可以在右侧选择"空白演示文稿"来创建一份空白演示文稿，也可以选择按照某种模板创建一份新的演示文稿，"开始面板"的界面如图 11-1 所示。

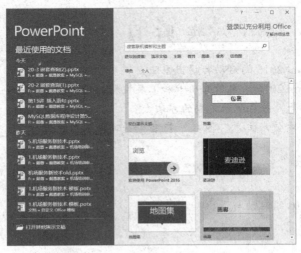

图 11-1　PowerPoint 2016　"开始"界面

除了自动创建之外还可以通过以下方法创建演示文稿：

① 创建空白演示文稿。

a. 选择"文件"→"新建"命令，进入"新建"面板。

b. 在"新建"面板右侧选择"空白演示文稿"选项，即可新建空白演示文稿，如图 11-2 所示。

图 11-2　"新建"面板

② 根据已安装的主题或模板新建演示文稿。

a. 选择"文件"→"新建"命令，进入"新建"面板。

b. 在"新建"面板右侧单击可用的模板和主题，系统会弹出与模板对应的不同配色方案的子模板对话框，在该对话框中选择需要的配色方案模板，单击"创建"按钮，即可根据已安装的主题或模板新建一份演示文稿，如图 11-3 所示。

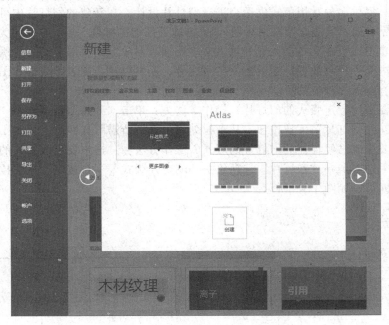

图 11-3　根据模板新建演示文稿

③ 快速创建相册演示文稿。

a. 在一份空演示文稿中，单击"插入"选项卡→"图像"选项组→"相册"下拉按钮。在弹出的下拉列表中选择"新建相册"命令，PowerPoint 将显示"相册"对话框，如图 11-4 所示。

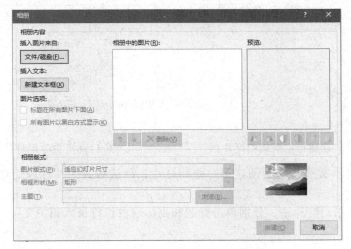

图 11-4　"相册"对话框

b. 在"相册"对话框中构建相册演示文稿。可以使用控件插入图片，插入文本框（用于显示文本的幻灯片），预览、修改或重新排列图片，调整幻灯片上图片的布局以及添加标题。

c. 单击"创建"按钮即可创建已经构建的相册。

操作：创建一份空白演示文稿。

（3）设置幻灯片版式。

PowerPoint 提供多种常用版式供用户进行幻灯片设计。在新建的幻灯片中可以看到一些虚线框包围的文字，如"单击此处添加标题""单击此处添加副标题"等，它们称为占位符，用于提示用户在此单击即可在文本插入点处输入文本或插入对象。绝大部分幻灯片版式中都有这种框，在这些框内除了可以放置标题及正文文字之外，还可以放入图表、表格和图片等对象。指定幻灯片版式有以下 2 种方法：

- 如果需要新建指定版式的幻灯片，操作方法为：单击"开始"选项卡→"幻灯片"选项组→"新建幻灯片"下拉按钮，从下拉列表中选择所需版式即可，如图 11-5 所示。
- 如果需要更改已经存在的幻灯片的版式，操作方法为：选中要更改版式的幻灯片，单击"开始"选项卡→"幻灯片"选项组→"幻灯片版式"下拉按钮，从下拉列表中选择所需版式即可，如图 11-6 所示。

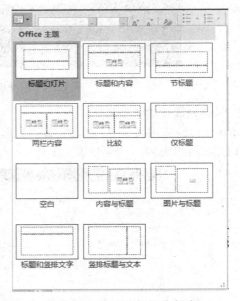

图 11-5　新建指定版式幻灯片　　　　　图 11-6　更改幻灯片版式

新建的空白演示文稿将自动创建第一张幻灯片，默认版式为"标题幻灯片"，如图 11-7 所示。

操作：在第一张幻灯片中，分别单击标题和副标题占位符录入相关文字，如图 11-8 所示。

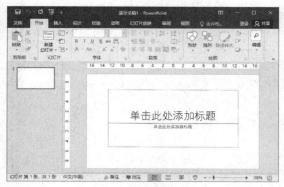

图 11-7　标题幻灯片

图 11-8　第 1 张：录入标题

（4）新建幻灯片。

操作：单击"开始"选项卡→"幻灯片"选项组→"新建幻灯片"下拉按钮，在演示文稿中插入第 2 张幻灯片，PowerPoint 中第 2 张幻灯片默认版式为"标题和内容"版式，在占位符中录入文字作为个人简历演示文稿的目录，如图 11-9 所示。继续添加第 3 张幻灯片，版式为"两栏内容"，录入个人基本资料信息，如图 11-10 所示。

图 11-9　第 2 张：个人简历目录

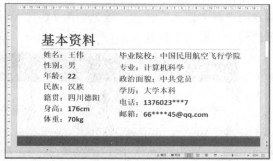

图 11-10　第 3 张："基本资料"幻灯片

（5）编辑幻灯片。

在普通视图下，PowerPoint 2016 窗口左侧的幻灯片缩略图窗格允许用户以幻灯片为单位对幻灯片进行整体编辑。

- 插入新幻灯片：在两张幻灯片之间单击，可定位插入点，此时会看到一个横向闪烁的光标，单击"开始"选项卡→"幻灯片"选项→"新建幻灯片"下拉按钮，即可在该位置插入一张新的幻灯片。
- 复制移动幻灯片：使用传统的 Windows 复制移动对象的方法，对幻灯片进行复制移动操作。
- 删除幻灯片：选中要删除的幻灯片，单击键盘上的【Delete】键即可删除指定幻灯片，该幻灯片上的所有对象也将同时全部删除。

也可在选中幻灯片或定位插入点后右击，利用弹出的快捷菜单进行幻灯片编辑操作。

操作：在刚才创建的演示文稿中，创建第 4~8 张幻灯片，选择合适的版式，标题内容分别为专业技能、实践经历、荣誉获奖、证书情况和个人评价，如图 11-11 所示。

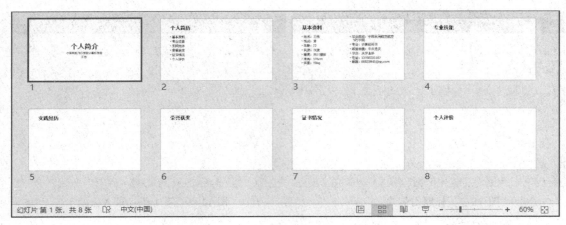

图 11-11　第 4~8 张幻灯片

（6）使用主题。

主题是保存着演示文稿样式的格式信息文件，使用主题，可以使用户设计出来的演示文稿的各个幻灯片具有统一的外观。

操作：在"设计"选项卡→"主题"选项组列出的主题中选择合适的样式应用到演示文稿。本案例选择"回顾"样式，效果如图 11-12 所示。还可以在"设计"选项卡→"变体"选项组选择相应主题的变体样式。

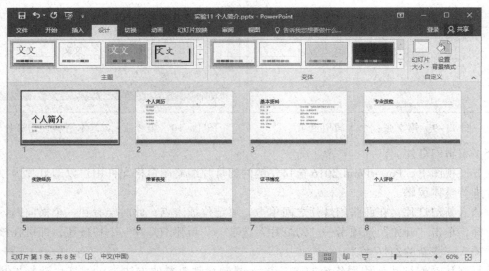

图 11-12　应用"回顾"样式后的演示文稿

（7）在幻灯片中插入对象。

在左侧幻灯片缩略图窗格中单击某张幻灯片，可以让该幻灯片成为当前幻灯片（该幻灯片被黄色选中框包围），此时用户即可在右侧"幻灯片窗格"中对该幻灯片上面的对象进行编辑，可以利用开始选项卡对文字、段落进行格式设置，利用"插入"选项卡插入各种对象。

① 插入图片或剪贴画。

操作：选择第 2 张幻灯片"个人简历"，单击"插入"选项卡→"图像"选项组→"图片"按钮，插入一张图片。选中插入的图片对象，利用系统弹出的"图片工具"→"格式"选项卡可以对图片对象进行进一步编辑，效果如图 11-13 所示。

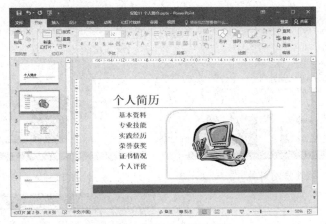

图 11-13　插入图片对象

② 插入 SmartArt 图形。

操作：选择第 4 张幻灯片"专业技能"，利用版式占位符里面的图标或"插入"选项卡插入 SmartArt 图形，如图 11-14 所示。选中 SmartArt 图形后可利用"SmartArt 工具"→"设计"或"工具"选项卡对 SmartArt 图形进行进一步编辑和设计，如图 11-15 所示。

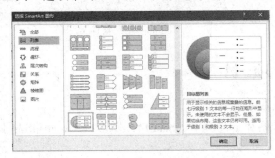

图 11-14 插入 SmartArt 图形

图 11-15 第 4 张幻灯片

③ 插入艺术字。

操作：选择第 5 张幻灯片"实践经历"，利用 "插入"选项卡→"文本"选项组→"艺术字"按钮插入艺术字，如图 11-16 所示。利用"绘图工具"选项卡→"格式"选项卡对艺术字进行进一步编辑和设计，如图 11-17 所示。

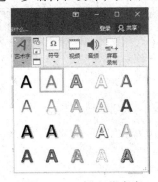

图 11-16　插入艺术字

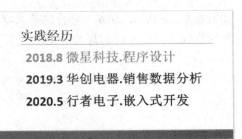

图 11-17　第 5 张幻灯片

操作：利用上述方法，分别自行设计第6、7、8张幻灯片，单张幻灯片参考信息及整体效果如图11-18~图11-21所示。

图 11-18　第 6 张幻灯片

图 11-19　第 7 张幻灯片

图 11-20　第 8 张幻灯片

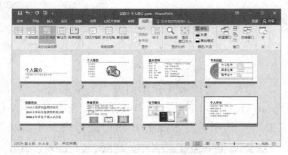

图 11-21　整体效果

实 训 项 目

【实训 11-1】制作一份电子演示文稿，介绍自己的家乡。

请选择适当的版式和模板，适当包含文字、图片、艺术字、SmartArt 图形或 Excel 报表等对象，做到内容丰富、图文并茂。

思考与练习

① PowerPoint 提供了一些自带的模板，然而因特网上有更多的模板可以使用，尝试寻找并下载一些模板，将其应用到演示文稿中。

② 插入到幻灯片的图片文件大小可能很大，导致演示文稿也很大，如何能缩小演示文稿的大小而不影响图片的显示质量？

③ 如何在 PowerPoint 2016 中进行屏幕录制？

④ 如何修改 PowerPoint 幻灯片的配色方案？

实验十二　演示文稿进阶操作

实 验 目 的

① 掌握动画效果、幻灯片切换效果的制作过程。
② 掌握幻灯片中超级链接的设置方法。
③ 掌握演示文稿的打印方法。
④ 掌握母版的使用方法。
⑤ 理解演示文稿的打包过程。

实 验 内 容

① 演示文稿动态效果的设计。
② 演示文稿母版的设计。
③ 演示文稿的放映。
④ 演示文稿的打包。

实 验 案 例

【案例 12-1】在案例 11-1 制作的"个人简介"演示文稿基础上，设置动态效果，并将演示文稿打包输出。

操作步骤：

（1）动画效果设置。

为演示文稿里的文字、形状、图片等对象添加一定的动态效果可以有效增强演示效果。添加动画的方法为：首先选中要设置动画的对象，然后使用"动画"选项卡→"动画"选项组→"动画效果"列表，或者使用"动画"选项卡→"高级动画"选项组→"添加动画"按钮，根据需要选择相应的动画即可为对象添加"进入""强调""退出""动作路径"等 4 种动画，并可对已经设置的动画进行效果选项、持续时间、顺序等设置并进行动画预览。"动画"选项卡如图 12-1 所示。

图 12-1　"动画"选项卡

单击"动画"选项卡→"高级动画"选项组→"动画窗格"按钮，可以在右侧打开"动画窗格"，在"窗格"里会列出当前幻灯片中各个对象的动画效果，选中某一个动画效果，单击其右侧向下的箭头，在列表里选择"效果选项..."，可打开该动画效果对应的效果选项对话框，在这里可以进一步详细设置与效果、计时、正文文本动画相关的参数，设好之后单击"确定"按钮即可，如图 12-2 所示。

图 12-2 "动画"选项卡

操作：利用"动画"选项卡为演示文稿 1~8 张幻灯片中的各个对象添加合适的动画效果，参考效果如图 12-3 所示。

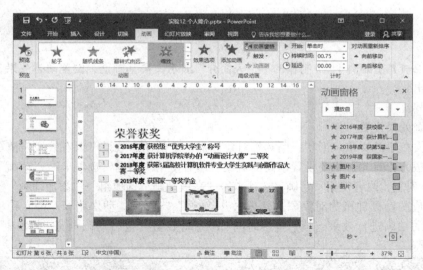

图 12-3 动画效果示例

（2）幻灯片切换效果设置。

幻灯片切换效果是指幻灯片整张进入时的展示效果。

设置幻灯片切换效果的方法为：选中要设置切换效果的幻灯片后，利用"切换"选项卡→

"切换到此幻灯片"选项组中的切换效果列表进行设置，如图 12-4 所示，切换效果列表如图 12-5 所示。

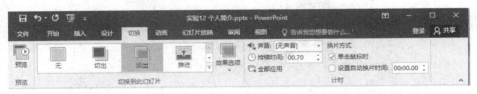

图 12-4　幻灯片"切换"选项卡

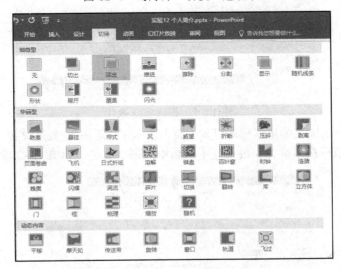

图 12-5　"切换效果"列表

操作：利用"切换"选项卡为演示文稿 1~8 张幻灯片添加合适的切换效果。

（3）超级链接设置。

利用超链接，可以在幻灯片之间实现切换操作，还可以链接到其他类型的文件。

建立超链接的方法是：首先选中需要添加链接属性的对象，然后单击"插入"选项卡→"链接"选项组→"超链接"按钮 或对象右键菜单中的"超链接"按钮，进入"插入超链接"对话框，即可设置该对象的链接目标，如图 12-6 所示。

图 12-6　"插入超链接"对话框

操作：重复插入超链接操作，将第 2 张幻灯片里的文字部分（"基本资料""专业技能""实践经历"荣誉获奖""证书情况"和"个人评价")分别链接到本文档中的第3、4、5、6、7、8张幻灯片,设置了链接属性之后的文字默认将带上下画线,如图12-7所示。

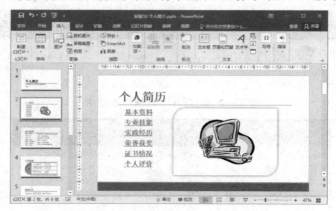

图12-7　设置超链接

操作:选中本演示文稿的第3张幻灯片,插入艺术字"返回",为其设置一定的形状效果和颜色,并设置其超级链接属性为"链接到本文档中的第2页",如图12-8所示。

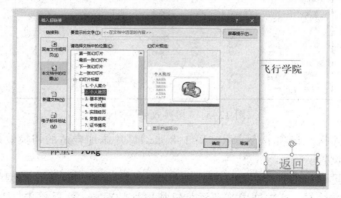

图12-8　设置"返回"超级链接

操作:选中该艺术字,将其复制到第4、5、6、7、8页,让后面的每一页幻灯片都可以通过超链接返回第2页,如图12-9所示。

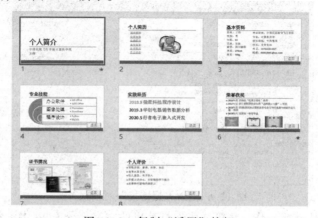

图12-9　复制"返回"按钮

（4）母版的使用。

幻灯片母版是存储关于模板信息的设计模板。使用幻灯片母版的目的是便于用户进行全局更改，并使该更改应用到演示文稿中的全部或部分幻灯片。下面利用母版为演示文稿第 2~8 张"标题和正文"版式的幻灯片添加 logo。

操作：

步骤 1：单击"视图"选项卡→"母版视图"选项组→"幻灯片母版"按钮，将视图切换到"幻灯片母版"视图，此时系统将自动出现"幻灯片母版"选项卡，如图 12-10 所示。

图 12-10 "幻灯片母版"选项卡

步骤 2：在左侧列表中选择"标题和内容"版式，可在备注信息中看到本版式为"由第 2，4~8 张幻灯片使用"。

步骤 3：利用"插入"选项卡在右侧母版幻灯片中插入 logo 图片，如图 12-11 所示。

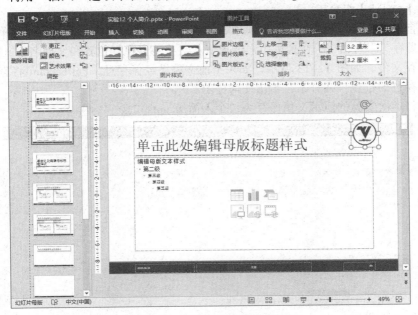

图 12-11 "幻灯片母版"视图

步骤 4：单击"视图"选项卡→"演示文稿视图"选项组→"普通"视图按钮，或"幻灯片母版"选项卡→"关闭母版视图"按钮，将视图切换到普通视图，将第 3 张幻灯片版式改为"标题和内容"版式后，即可观察到第 2~8 张幻灯片均被加上了 logo 图片，如图 12-12 所示。

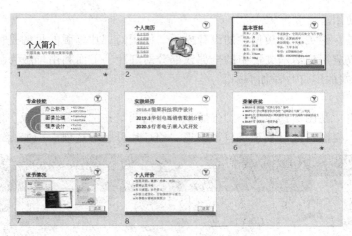

图 12-12　母版设计效果

（5）保存演示文稿。

保存当前文稿演示文稿有以下 3 种方法：

- 单击"文件"→"保存"按钮。
- 单击快速访问工具栏中的"保存"按钮。
- 使用【Ctrl+S】组合键。

如果当前演示文稿没有保存过，PowerPoint 将切换到"另存为"面板，此时单击"浏览"即可弹出"另存为"对话框，在这里用户选择演示文稿需要保存位置和文件名称，单击"保存"按钮即可保存文件，如图 12-13 所示。如果当前文稿已经保存过，PowerPoint 将直接将文档保存到先前保存过的位置，并且不会给出任何提示。

操作：将本次实验的演示文稿保存为"个人简历.pptx"。

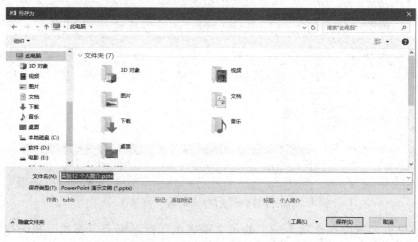

图 12-13　"另存为"对话框

（6）幻灯片放映。

演示文稿设计完成以后，是需要演讲者放映的，根据需要，演讲者可以用以下几种方法放映演示文稿：

- 直接按【F5】键，从第 1 张幻灯片开始放映；或者单击"幻灯片放映"选项卡→"开始放映幻灯片"选项组→"从头开始"按钮。
- 直接按【Shift+F5】组合键，从当前幻灯片开始放映；或者单击"幻灯片放映"选项卡→"开始放映幻灯片"选项组→"从当前幻灯片开始"按钮。

启动幻灯片放映后，可以用以下几种方法实现各幻灯片之间的切换：

- 利用【Page Up】键和【Page Down】键。
- 利用【→】、【←】、【↑】及【↓】键。
- 按【Space】（空格键）或【Enter】（回车）键切换到下一张幻灯片。
- 单击鼠标左键切换到下一张幻灯片。
- 在放映的幻灯片上的任意位置处右击，在弹出的快捷菜单中利用"上一张"和"下一张"命令进行切换，如图 12-14 所示。

如果要中途结束放映，可直接按【ESC】键，或者在放映的幻灯片上的任意位置右击，在弹出的快捷菜单中选择"结束放映"命令即可。

单击"幻灯片放映"选项卡→"设置"选项组→"设置幻灯片放映"按钮，可以打开"设置放映方式"对话框，在这里用户可以对演示文稿的放映方式进行设置，如图 12-15 所示。

图 12-14　"幻灯片放映"快捷菜单　　　　图 12-15　"设置放映方式"对话框

播放完所有幻灯片后，系统自动回到 PowerPoint 设计界面。

（7）演示文稿的打印。

如果希望将演示文稿打印出来，PowerPoint 2016 提供了方便的打印功能。单击"文件"→"打印"按钮，将弹出打印设置面板，如图 12-16 所示。

操作步骤如下：

① 在"打印机"下拉列表中选择合适的打印机，通过单击"打印机属性"超链接可以设置打印机属性。

② 单击"设置"部分的"打印全部幻灯片"按钮，在弹出的列表中可以选择要打印全部幻灯片还是部分幻灯片，如图 12-17 所示。也可以在"幻灯片"右边的文本框中输入要打印的幻灯片的编号。

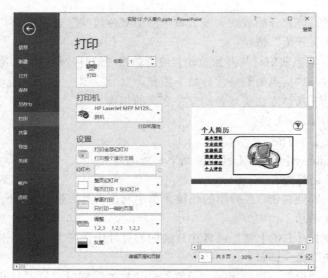

图 12-16　打印设置面板　　　　　　图 12-17　打印范围设置

③ 单击"整页幻灯片"按钮，在弹出的列表中可以选择要打印整页幻灯片、备注、大纲视图或讲义。如果选择"讲义"，还可以设定同时在张纸上打印的幻灯片张数，最多可有 9 张，如图 12-18 所示。

④ 单击"颜色"按钮，在弹出的列表中可以选择彩色、灰度或者纯黑白，这样即使用的不是彩色打印机，只要选择"灰度"或者"纯黑白"就可以打印出灰度图或黑白的效果，如图 12-19 所示。

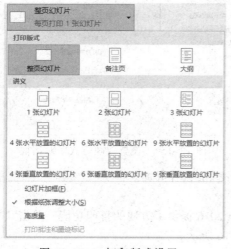

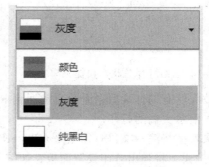

图 12-18　打印版式设置　　　　　　图 12-19　打印颜色设置

⑤ 在"份数"选项区域设置要打印的份数。

⑥ 单击"调整"按钮，在弹出的列表框中选择合适的选项，系统会自动把每一份文稿都按顺序排好，这样可以节省用户整理打印文稿的时间，但打印速度会稍有降低。

⑦ 单击"打印"面板下方的"编辑页眉页脚"按钮，可打开"页眉和页脚"设置对话框，在这里可以对幻灯片和备注页与讲义的页眉页脚进行设置，如图 12-20，图 12-21 所示。

图 12-20　"幻灯片"页眉页脚设置

图 12-21　"备注和讲义"页眉页脚设置

在设置过程中，选定某个选项后，即可在右侧的窗口中看到设置效果，如果效果满意，单击"打印"按钮即开始打印演示文稿。

（8）演示文稿的打包。

① 打包成 CD。

PowerPoint 2016 提供的"打包成 CD"功能，可以使用户非常方便地将自己的演示文稿打包，实现在任意计算机上播放幻灯片的目的。但是要注意，从 2010 版起，打包后已经没有 PowerPoint 播放器了，因此在打包前，必须先到微软的官方网站下载 PowerPoint 播放器，然后将播放器和需要打包的幻灯片放在一起进行打包操作。另外，打包演示文稿时，除了要复制文稿本身外，还要将演示文稿需要的所有链接文件进行复制，以便在其他计算机中可以正常放映幻灯片。打包演示文稿的步骤如下：

a. 单击"文件"→"导出"按钮，在弹出的"导出"面板中单击"将演示文稿打包成 CD"选项，如图 12-22 所示。

图 12-22　"打包成 CD"面板

b. 单击面板右侧"打包成 CD"按钮，弹出"打包成 CD"对话框，如图 12-23 所示。

图 12-23　"打包成 CD"对话框

c. 单击"添加..."按钮，在弹出的"添加文件"对话框中选择要添加的文件，单击"添加"按钮，返回"打包成 CD"对话框，可以看到新添加的文件。除了可以添加幻灯片文件外，还可以添加其他类型的文件，只需要在"添加文件"对话框中选择"文件类型"下拉列表中的"所有文件"即可，如图 12-24 所示。

d. 在"打包成 CD"对话框中，单击"选项"按钮，会弹出的"选项"对话框，如图 12-25 所示。在这里可以设置是否包含链接的文件，是否嵌入 TrueType 字体以及密码等信息，设置完成后单击"确定"按钮返回，然后再单击"复制到 CD"按钮，系统即开始将演示文稿复制到 CD（即刻录成光盘）。

图 12-24　"添加文件"对话框

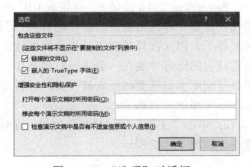

图 12-25　"选项"对话框

e. 在打包演示文稿时，也可以不打包到 CD，而是打包到文件夹。这样可以通过移动存储设备将幻灯片复制到其他没有安装 PowerPoint 的计算机。但是在执行打包操作时要把 PowerPoint 和幻灯片一起进行打包。操作方法为：

- 在"打包成 CD"对话框中，单击"复制到文件夹"按钮，弹出"复制到文件夹"对话框，在"文件夹名称"和"位置"文本框中分别设置文件名称和保存位置，如图 12-26 所示。
- 单击"确定"按钮，弹出"Microsoft PowerPoint"提示对话框，然后单击"是"按钮开始自动复制文件到文件夹。复制完成后，系统自动打开生成的 CD 文件夹，如图 12-27 所示。

注意：如果所使用的计算机没有安装 PowerPoint，则需要先安装 PowerPoint.exe 文件，然后再播放幻灯片文件。

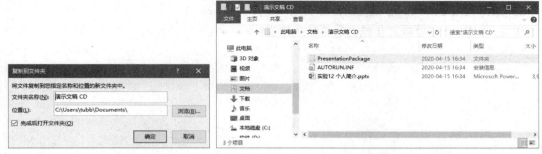

图 12-26　"复制到文件夹"对话框　　　　图 12-27　打包后的文件夹

② 打包为视频文件。

将演示文稿打包为视频文件，不仅确保了演示文稿的高保真质量，还便于演示文稿的发送和观看。操作步骤如下：

a. 单击"文件"→"导出"按钮，在弹出的"导出"面板中单击"创建视频"按钮，弹出"创建视频"的界面。

b. 在"演示文稿质量"下拉列表中设置演示文稿制作成视频时的质量，一般情况下质量越好结果文件越大，可根据实际需要酌情选择，如图 12-28 所示。

c. 在"使用录制的计时和旁白"下拉列表中设置演示文稿保存为视频时是否使用录制的计时和旁白效果，如图 12-29 所示。

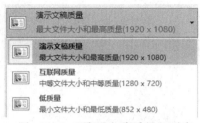 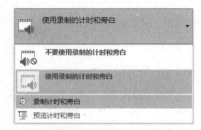

图 12-28　"演示文稿质量"列表　　　　图 12-29　"使用录制的计时和旁白"列表

d. 设置放映每张幻灯片的时间，单位为秒。

e. 单击"创建视频"按钮，此时将弹出"另存为"对话框，在其中设置视频的名称、类型及保存路径，单击"保存"按钮后将回到演示文稿，PowerPoint 会将演示文稿保存为视频文件。在保存路径中找到演示文稿所创建的视频文件并进行播放即可。

实 训 项 目

【**实训 12-1**】制作一份电子演示文稿，谈谈自己的理想。请选择适当的版式和模板，包含文字、图片等对象，合理使用动画、幻灯片切换等效果，做到内容丰富、图文并茂，最后将演示文稿导出复制到文件夹。

思考与练习

① 在什么情况下需要对演示文稿进行打包?

② 如何将 PowerPoint 演示文稿转换为视频文件?

③ 如何利用 PowerPoint 录制幻灯片旁白?

④ PowerPoint 中母版有几种? 各自什么作用?

实验十三　计算机网络基本操作

实 验 目 的

① 掌握命令行下的网络环境查看方法。
② 掌握窗口界面下的 IP 地址信息查看及配置。
③ 掌握浏览器的基本使用方法。
④ 掌握 HTML 编写简单网页的方法。

实 验 内 容

① Windows 10 系统命令行下查看网络环境。
② 窗口界面下 IP 地址信息查看及配置。
③ 浏览器的基本使用。
④ HTML 编写简单网页。

实 验 案 例

【案例 13-1】Windows 10 系统命令行下查看网络配置、测试网络状态。
操作步骤：
（1）启动 Windows 10 命令行窗口。
在 Windows 10 环境下启动 Windows 10 命令行窗口，常用的有以下 3 种。
① 从"开始"菜单中启动。
单击"开始"按钮，选择"Windows 系统"→"命令提示符"命令。即可启动命令行窗口。
② 通过搜索方式启动。
在 Windows 10 系统桌面的左下角搜索"命令提示符"，搜索结果的第一个就是，直接单击打开即可。
③ 通过快捷方式启动。
在 Windows 10 系统桌面界面上，按【开始+r】快捷键，在打开的运行窗口在里面输入"cmd"之后，选择"命令提示符"命令，按【Enter】键即可。
通过这三种方式打开的界面如图 13-1 所示。
（2）查看网络配置。
在打开的命令行窗口中，在光标后面输入"ipconfig/all"，然后【Enter】键，将显示当前计算机的网络配置，如图 13-2 所示。

（3）测试网络状态。

在打开的命令行窗口中，在光标后面输入"ping www.163.com"，然后【Enter】键，如果计算机网络正常，将显示反馈信息，如图 13-3 所示。

图 13-1 "命令提示符"界面

图 13-2 网络配置情况

图 13-3 Ping 域名后的网络反馈情况

【案例 13-2】Windows 10 窗口界面下的 IP 地址信息查看及配置。

操作步骤：

（1）打开 IP 地址信息界面。

① 首先，在桌面的右下方找到网络的图标，右击，选择"网络和 Internet 设置"命令，打开网络设置界面，如图 13-4 所示。

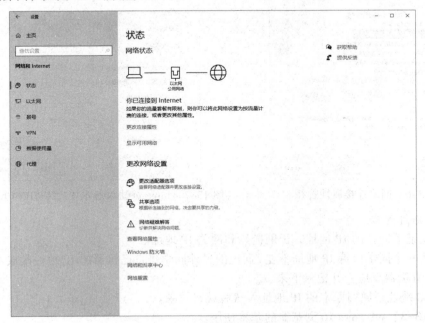

图 13-4　网络设置界面

② 在"网络和 Internet"右侧，找到"更改适配器选项"，单击弹出网络连接窗口，如图 13-5 所示。

图 13-5　网络连接窗口

③ 选中以太网，右击，在弹出菜单中选择"属性"命令。弹出"以太网属性"窗口，如图 13-6 所示。

④ 在"以太网属性"界面中，右边滑块单击拖动，找到"Internet 协议版本 4(TCP/IPv4)"并双击（或者选中"Internet 协议版本 4（TCP/IPv4）"，然后单击下方的属性，如图 13-6 所示。

⑤ 进入"Internet 协议版本 4（TCP/IPv4）"属性窗口，在属性窗口中可以看到 IP 相关配置，如图 13-7 所示。

图 13-6　网络连接属性选择

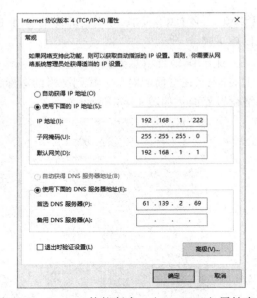

图 13-7　Internet 协议版本 4（TCP/IPv4）属性窗口

（2）IP 地址配置。

① 首先记下同伴的 IP 地址，子网掩码和网关 IP 地址。

② 然后一个同学保持 IP 地址不变，同组的另外同学将自己机器的 IP 地址改成对方同学的 IP 地址，查看机器反应。并记录下来。

③ 将 IP 地址还原回原来的 IP 地址。然后观察效果。

【案例 13-3】Windows 10 浏览器的基本使用。

此操作以 IE11 为例进行操作。

操作步骤：

（1）启动 IE11。

如果操作系统中没有 IE11，请下载一个并安装。

单击"开始"按钮→选择"Windows 附件"→选择"Ineternet Explorer 11"选项，启动 IE11，在地址栏里面输入"www.baidu.com"，如图 13-8 所示。

图 13-8　IE11 窗口界面

（2）IE11 的基本选项。

单击 IE11 窗口右上角的"工具"按钮（轮子样图标），在弹出菜单中选择"Internet 选项"命令，弹出"Internet 选项"对话框，如图 13-9 所示。该对话框有"常规""安全""隐私""内容""连接""程序"和"高级"选项卡。对话框打开时，默认进入"常规"选项卡，即 13-9 所示。

常规选项卡可以对浏览历史记录进行设置，浏览器的外观、语言、字体等进行设置。

单击"安全"选项卡，切换到安全选项设置，如图 13-10 所示。在此对话框中，可以对 Internet、本地 Intranet、受信任站点和受限制站点进行设置，安全级别高低进行设置。

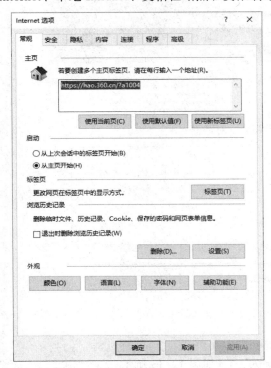

图 13-9 "常规"选项卡　　　　图 13-10 "安全"选项卡

同样可以单击"隐私""内容""程序"和"高级"选项卡，对浏览器的其他内容进行设置。

（3）保存网页。

打开 IE11，并在地址栏上面输入"www.cafuc.edu.cn"，按【Enter】键后，进入中国民航飞行学院主页界面。单击 IE11 窗口右上角的"工具"按钮（轮子样图标），在弹出菜单中选择"文件（F）"选项，弹出下级子菜单，选择"另存为"命令，弹出"另存为"对话框。如图 13-11 所示。单击"保存类型"下拉列表框，可以看到保存的文件类型有"网页，全部（*.htm；*.html）"、"Web 档案，单个文件（*.mht）"、"网页，仅 HTML（*.htm;*.html）"和"文本文件（*.txt）"4 种类型。选择保存为"文本文件（*.txt）"，文件名取"cafuc"。路径保存到下载，结果如图 13-12 所示。

图 13-11　"网页另存为"对话框

图 13-12　网页保存结果

【案例 13-4】HTML 编写基本网页。

操作步骤：

（1）在 D 盘根目录下建一个文件夹"web"。

（2）进入"web"目录，新建一个文本文档 index.txt，如图 13-13 所示。

（3）双击 index.txt 文件，在打开的空白文档中，输入如图 13-14 所示 HTML 代码。

图 13-13　index.txt 文件

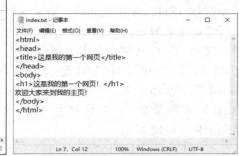

图 13-14　HTML 代码

（4）保存文档，然后关闭文档。修改 index.txt 名字为 index.html，如图 13-15 所示。

（5）右击 index.html 文件，在弹出菜单中选择"打开方式"命令，选择浏览器打开。在打开的浏览器界面中显示结果如图 13-16 所示。

图 13-15　修改后缀名

图 13-16　浏览器显示结果

实 训 项 目

【实训 13-1】制作一张网页，介绍自己的家乡。

请选择适当的版式，适当包含文字、图片、超级链接，做到内容丰富、图文并茂。

思考与练习

① 在 IP 地址配置中，修改了 IP 地址后，出现了什么情况？思考一下，为什么出现这种情况。

② 在 HTML 编写的页面布局中，与 Word 页面布局有什么不同？

③ 在 Windows 10 的命令行窗口中，Ping IP 地址和 Ping 一个域名，有什么区别？请做实验描述。

④ 保存网页时，另存为"仅网页 HTML（*.htm；*.html）"和"文本文档（*.txt）"有什么区别？

实验十四　进制转换基本操作

实　验　目　的

① 熟悉 Python 集成开发环境 IDLE 的使用。
② 掌握十进制转换为二进制的方法。
③ 掌握二进制转换为十进制的方法。
④ 掌握 Python 的进制转换内置函数。

实　验　内　容

① 集成开发环境 IDLE 的使用。
② 十进制转换为二进制。
③ 二进制转换为十进制。
④ Python 的进制转换内置函数的使用。

实　验　案　例

【案例 14-1】熟悉 Python 集成开发环境 IDLE 的使用。

IDLE 是开发 Python 程序的基本 IDLE（集成开发环境），具备基本的 IDLE 的功能，当安装好 Python 以后，IDLE 就自动安装好了。初学者可以利用它方便地创建、运行、测试和调试 Python 程序。

（1）启动 IDLE。

安装 Python 后，可以选择“开始”菜单→“所有程序”→“Python 3.6.6”→“IDLE（Python GUI）”命令启动 IDLE。IDLE 启动后的初始界面如图 14-1 所示。IDLE 中有两种方式来运行 Python 语言编写的代码：交互式方式和文件方式。

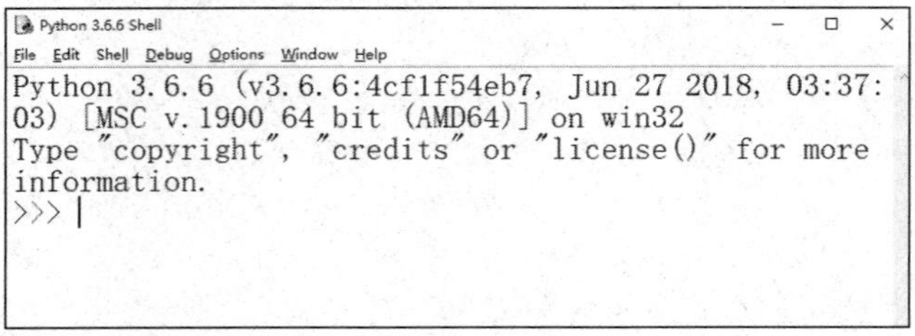

```
Python 3.6.6 Shell                                    —    □    ×
File  Edit  Shell  Debug  Options  Window  Help
Python 3.6.6 (v3.6.6:4cf1f54eb7, Jun 27 2018, 03:37:
03) [MSC v.1900 64 bit (AMD64)] on win32
Type "copyright", "credits" or "license()" for more
information.
>>> |
```

图 14-1　IDLE（Python 3.6 64-bit）初始界面

（2）交互式方式。

启动 IDLE 后，直接在提示符"<<<"后输入相应命令并按【Enter】键即可执行命令，如果执行顺利马上就可以看到执行结果如图 14-2 所示，否则会提示错误或者抛出异常，如图 14-3 所示。

【案例 14-2】通过 IDLE 交互式方式执行以下命令，查看结果，如图 14-2 和 14-3 所示。

```
>>> print("Hello,World")          >>> 2/0
```

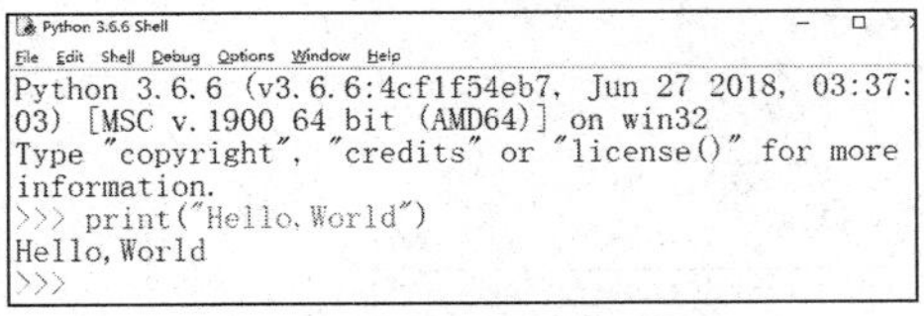

图 14-2　IDLE 交互式环境中执行命令　　　图 14-3　除数为 0 错误，抛出异常

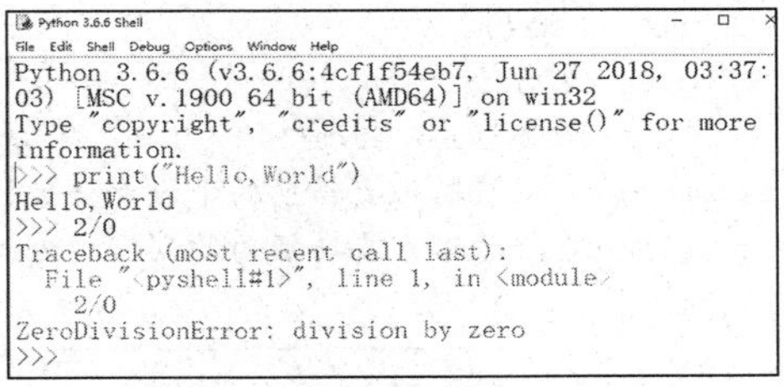

（3）文件方式。

编写复杂的程序时，交互式方式不便书写和调试，IDLE 提供文件方式，建立扩展名为.py 的文件，文件中输入 Python 程序代码，然后由解释器执行。

【案例 14-3】按以下方式执行文件式编程，并查看结果。

① IDLE 中选择"File"菜单→"New File"命令，新建一个扩展名为.py 的文件。在弹出的文本编辑窗口中输入以下代码，保存文件，并命名为file3.2.py，如图 14-4 所示。

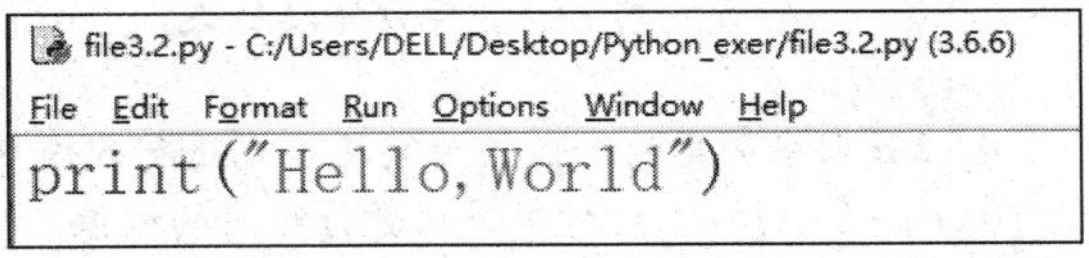

图 14-4　文本编辑窗口中输入代码

② 文本编辑窗口中选择 Run 菜单→"Run Module"命令就会运行文件中的所有代码，或直接按【F5】快捷键也可以执行文件中的代码。运行结果如图 14-5 所示。

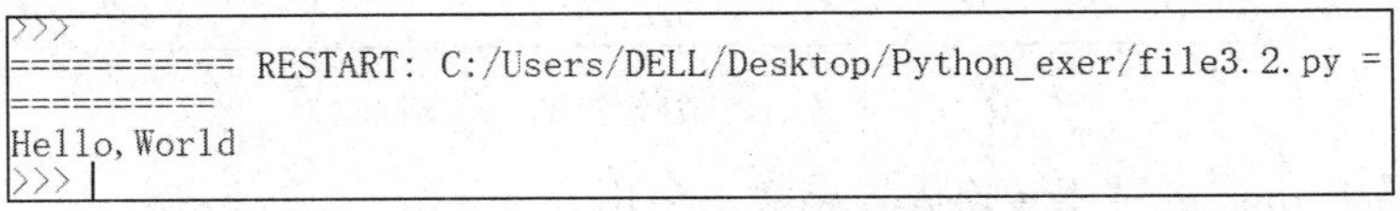

图 14-5　执行 Run 命令运行代码

【案例 14-4】十进制的整数转换为其它（2-16）进制。

要求：利用除基数取余数的思想，编写下列函数 f，函数 f 的功能是实现将十进制整数转换为其它进制，运行结果如图 14-6 所示。

```
def f(n,x):    #定义函数，参数 n 为十进制的整数，参数 x 为转换为其它（2-16）进制
    N = n
a=[0,1,2,3,4,5,6,7,8,9,'A','b','C','D','E','F']  #数符
    b=[]                              # b 用于存放转换结果的列表
    while True:
```

```
            s=n//x                    # s暂存商，//为取整除运算符
            y=n%x                     # y暂存余数，%为取余运算符
            b=b+[y]                   # 将余数加入结果列表中
            if s==0:                  # 如果商为 0，则结束循环
                break
            n=s                       # 商不为 0，则将商赋给被除数，继续除
        print("十进制整数{:^5d}转换为{:^5d}进制的结果为".format(N,x))
        b.reverse()                   # reverse用于反转列表元素的排列顺序
        for i in b:
            print(a[i],end='')        # 输出结果
n=int(input("请输入要转换的十进制整数:"))
x=int(input("请输入要转换为的其它进制: "))
f(n,x)                                # 调用函数 f
```

```
=========== RESTART: C:/Users/DELL/Desktop/Python_exer/file3.3.py
请输入要转换的十进制整数:37
请输入要转换为的其它进制: 2
十进制整数 37 转换为  2  进制的结果为
100101
>>>
```

图 14-6　十进制的整数转换为其它（2-16）进制

【案例 14-5】二进制转换为十进制。

要求：利用加权系数和的思想，编写如下代码，实现将二进制转换为十进制。运行结果如图 14-7 所示。

```
bin=input('输入二进制整数: ')          #input 函数得到的输入内容都会以字符串的形式存储
count = 0                            #count 存放转换结果
for i in range(0,len(bin)):
if bin[i] == str(1):     #如果字符串的一位值为字符 1 则进行权值累加计算，否则为 0 不计算
        sum=2**(len(bin)-i-1)        # 计算每位数符对应的权值，**为乘方运算符
        count=count+sum
print(("转换结果为: ",count)
```

```
>>>
=========== RESTART: C:/Users/DELL/Desktop/Python_exer/file3.4.py
输入二进制整数: 10020
转换结果为:  16
>>>
```

图 14-7　二进制转换为十进制

【案例 14-6】Python 的进制转换内置函数的使用。

（1）bin 函数。

bin（x）返回用于将 10 进制整数转换成 2 进制，以字符串形式表示。参数 x 为 Int 或者 Long int 数字，返回二进制数，以字符串形式表示。利用 bin 函数将十进制数 35 转换为二进制，如图 14-8 所示。二进制以 "0b 或 "0B" 开头。

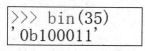

```
>>> bin(35)
'0b100011'
```

图 14-8　bin 函数的使用

（2）hex 函数。

hex（x）函数用于将 10 进制整数转换成 16 进制，以字符串形式表示。参数 x int 或者 long

int 数字，返回十六进制数，以字符串形式表示。利用 hex 函数将十进制数 35 转换为十六进制，如图 14-9 所示。十六进制以 "0x 或 "0X" 开头。

```
>>> hex(35)
'0x23'
```

图 14-9　hex 函数的使用

（3）oct 函数。

oct(x)函数将一个整数转换成 8 进制字符串。参数 x 为 int 或者 long int 数字，返回 8 进制数，以字符串形式表示。利用 oct 函数将十进制数 35 转换为 8 进制，如图 14-10 所示。十六进制以 "0o 或 "0O" 开头。

```
>>> oct(35)
'0o43'
```

图 14-10　hex 函数的使用

实 训 项 目

【实训 14-1】利用 Python 内置函数将十进制 56 转换为十六进制。
【实训 14-2】利用 Python 内置函数将十进制 78 转换为八进制。
【实训 14-3】利用 Python 内置函数将十进制 29 转换为二进制。

思考与练习

① IDLE 交互方式中输入 oct(0b1011)，执行结果是多少？
② IDLE 交互方式中输入 bin(0x16)，执行结果是多少？
③ 如何直接利用 hex 函数将二进制 10010 转换为十六进制？

实验十五　数据编码基本操作

实 验 目 的

① 掌握编码的概念。
② 掌握 ASCII 码表的特点。
③ 理解 Python 语言的字符编码和解码函数。

实 验 内 容

① Python 内置函数实现字符转换。
② 打印 ASCII 码表。
③ 大小写字母转换。
④ 查看字符编码方式。

实 验 案 例

【案例 15-1】Python 内置函数实现整数和 ASCII 字符的转换。
（1）chr 函数。
查看 ASCII 码表（图 15-1 为 ASCII 码表的部分截图），可轻松地将英文字符转换成二进制串，也可将二进制串转换成英文字符。

二进制	十进制	十六进制	图形	二进制	十进制	十六进制	图形	二进制	十进制	十六进制	图形
0010 0000	32	20	空格	0100 0000	64	40	@	0110 0000	96	60	`
0010 0001	33	21	!	0100 0001	65	41	A	0110 0001	97	61	a
0010 0010	34	22	"	0100 0010	66	42	B	0110 0010	98	62	b
0010 0011	35	23	#	0100 0011	67	43	C	0110 0011	99	63	c

图 15-1　ASCII 码表的部分截图

chr() 用一个范围在 256 内（0～255）的整数作参数，返回一个对应的字符。chr(i)，参数 i 可以是十进制、二进制、十六进制形式的整数，返回值是当前整数对应的 ASCII 字符。

字母 A 的二进制编码为 01000001，十进制为 65，利用 chr 函数实现将 0b01000001 转换为对应的 ASCII 字符，如图 15-2、图 15-3 所示。

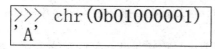

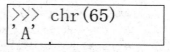

图 15-2　二进制 0b01000001 对应的 ASCII 字符　　　图 15-3　十进制 65 对应的 ASCII 字符

（2）ord 函数。

ord() 函数是 chr() 函数（对于 8 位的 ASCII 字符串）的配对函数，它以一个长度为 1 的字符作为参数，返回对应的 ASCII 码的十进制数值。用 ord()函数返回字符'A'对应的 ASCII 码十进制数值，如图 15-4 所示。

```
>>> ord('A')
65
```

图 15-4　字符'A'的 ASCII 码十进制数值

【案例 15-2】打印 ASCII 码表。

要求：利用 Python 内置函数 chr、hex、bin 打印 ASCII 码表，输入 0 ~ 127 的十进制整数，输出对应的 ASCII 字符、十六进制编码和二进制编码。参考代码如下，其中 str.format()为格式化字符串的函数，代码执行结果如图 15-5 所示。

```
beg = int(input("请输入起始值: "))
end = int(input("请输入终止值: "))
print("十进制编码\t十六进制编码\t二进制编码\t\t字符")
for i in range(beg,end+1):
print("{}\t\t{}\t\t{}\t{}".format(i,hex(i),bin(i),chr(i)))
```

```
请输入起始值: 65
请输入终止值: 80
十进制编码        十六进制编码          二进制编码              字符
65              0x41            0b1000001               A
66              0x42            0b1000010               B
67              0x43            0b1000011               C
68              0x44            0b1000100               D
69              0x45            0b1000101               E
70              0x46            0b1000110               F
71              0x47            0b1000111               G
72              0x48            0b1001000               H
73              0x49            0b1001001               I
74              0x4a            0b1001010               J
75              0x4b            0b1001011               K
76              0x4c            0b1001100               L
77              0x4d            0b1001101               M
78              0x4e            0b1001110               N
79              0x4f            0b1001111               O
80              0x50            0b1010000               P
```

图 15-5　打印 ASCII 字符

【案例 15-3】大小写字母互换。

ASCII 码表的可显示字符中存在这样的大小规则：0~9<A~Z<a~z，即数字编码值比字母编码值要小。48 ~ 57 为 0 ~ 9 十个阿拉伯数字按序编码，65 ~ 90 为 26 个大写英文字母，97 ~ 122 为 26 个小写英文字母，英文字母的编码是正常的字母排序关系，大写字母编码比对应的小写字母编码小 32。了解这个规则后就可以利用大小写字母编码值相差 32 的关系完成大小写字母转换。参考代码如下，代码执行结果如图 15-6 所示。

```
def ssum(strs):
    result = ''                    #定义空字符串 result，用于存放转换结果
    for i in strs:                 #遍历 strs 字符串
```

```
        if 65 <= ord(i) <= 90:        #十进制值大于65并且小于90, 字符是大写字母
            result += chr(ord(i)+ 32)
        elif 97 <= ord(i) <= 122:     #十进制值大于97并且小于122, 字符是小写字母
            result += chr(ord(i) - 32)
        else:
            result += i
    return result
str1 = input("请输入英文字符串: ")
str2 = ssum(str1)
print("转换后的字符串为: ",str2)
```

> 请输入英文字符串: Hello Everyo
> 转换后的字符串为：hELLO eVERYO

图 15-6 大小写字母转换

【案例 15-4】查看字符的编码方式。

现在计算机系统通用的字符编码工作方式是：在计算机内存中统一使用 Unicode 编码，当需要保存到硬盘或需要传输时，就转换为 UTF-8 编码或特定的编码。例如跨平台的计算机程序设计语言 Python 3 有两种不同的字符串，一个用于存储文本，一个用于存储原始字节。文本型字符串类型被命名为 str，字节字符串类型被命名为 bytes。文本字符串内部使用 Unicode 存储，字节字符串存储原始字节。

Python 3 中可以在 str 与 bytes 之间进行类型转换，str 类包含一个 encode 方法，用于使用特定编码将其转换为一个 bytes。与此类似，bytes 类包含一个 decode 方法，接收一个解码方式参数，并返回一个 str。另一个需要注意的是，Python 3 中不会隐式地在一个 str 与一个 bytes 之间进行转换，需要显式地使用 str.encode 或者 bytes.decode 方法。

编码 encode：将文本转换成字节流的过程。即将 Unicode 编码方式的文本转换成字节流保存在硬盘中。

解码 decode：将硬盘中的字节流转换成 Unicode 文本的过程。

要注意的是，以何种编码保存到硬盘时，就必须以何种编码从硬盘中读出，否则就出现乱码。请通过下面的 Python 代码体会字符的编码方案。

```
import sys
code = sys.getdefaultencoding()
print("当前系统的编码方案是: ",code)
str1 = "\u4f60\u597d"                #str 中存放汉字"你好"的 unicode 编码
str_utf8 = str1.encode('utf-8')      #将 str 转换成 utf-8 编码, 返回到 str_utf8 中
str_gbk = str1.encode('GBK')
print('''Unicode 编码"4f60 597d"对应的字符是: ''',str1)
print(str1,"的 UTF-8 编码是: ", str_utf8)
print(str1,"的 GBK 编码是: ",str_gbk)
print(str_utf8,"用 UTF-8 解码为: ", str_utf8.decode('utf-8'))#按 utf-8 编码方
式解码
print(str_gbk,"用 GBK 解码为: ",str_gbk.decode('GBK'))
print(str_utf8,"用 GBK 解码为: ", str_utf8.decode('GBK'))   #用 gbk 解码 utf-8 则
出现乱码
```

代码运行结果如图 15-7 所示：

```
当前系统的编码方案是： utf-8
Unicode编码"4f60 597d"对应的字符是： 你好
你好 的UTF-8 编码是： b'\xe4\xbd\xa0\xe5\xa5\xbd'
你好 的GBK 编码是： b'\xc4\xe3\xba\xc3'
b'\xe4\xbd\xa0\xe5\xa5\xbd' 用UTF-8 解码为： 你好
b'\xc4\xe3\xba\xc3' 用GBK解码为： 你好
b'\xe4\xbd\xa0\xe5\xa5\xbd' 用GBK解码为： 浣犲ソ
```

图 15-7　查看系统的编码方式

实 训 项 目

【实训 15-1】利用 Python 内置函数 chr 函数实现将十进制数 69 转换为对应的 ASCII 字符。

【实训 15-2】利用 Python 内置函数 ord 函数得到字符#对应的十进制编码。

思考与练习

① 已知大写字符 C 的 ASCII 十进制编码为 67，求小写字符 f 的 ASCII 编码是多少？

② 利用 ord()和 hex()函数求出汉字"中国"的 Unicode 编码？

③ Python 中如何获得当前系统的编码方案？

实验十六 Python 算法基本操作

实 验 目 的

① 掌握 Python 的下载和安装。
② 理解程序设计思想。
③ 理解 Python 解决生活实际问题的思路。
④ 理解交互式编程的思想。
⑤ 掌握脚本编程的基本过程。

实 验 内 容

① Python 的下载和安装。
② Python 交互式命令。
③ 基于文件的 Python 简单程序设计。

实 验 案 例

【案例 16-1】Python 的下载和安装。
下载地址：
https://www.python.org/getit/
选择并下载 python-3.6.4.exe 文件，双击安装，如图 16-1 所示。

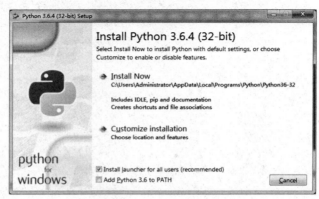

图 16-1　Python 软件的安装

勾选"Add Python 3.6 to PATH"复选框，否则在使用时会出现，如图 16-2 所示的提示。

图 16-2　Python 安装提示

安装成功后，显示如图 16-3 所示。

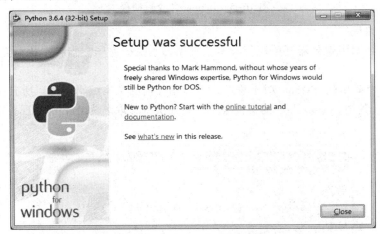

图 16-3　Python 安装成功

验证系统是否安装成功，也可以在开始菜单中启动，如图 16-4 所示。

图 16-4　Python 安装验证

【案例 16-2】Python 编程。

（1）交互式编程。

交互式编程不需要创建脚本文件，是通过 Python 解释器的交互模式来编写代码。

操作系统中只需要在命令行中输入 Python 命令即可启动交互式编程，提示窗口如图 16-5 所示。

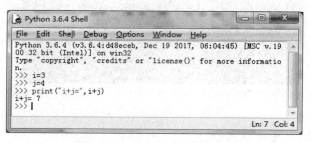

图 16-5　Python 命令行编程

（2）脚本式编程。

通过脚本参数调用解释器开始执行脚本，直到脚本执行完毕。当脚本执行完成后，解释器不再有效。

例如：写一个简单的 Python 脚本程序，可以用任何的文本编辑器写。所有 Python 文件将以 .py 为扩展名。利用 python shell 的文件菜单，新建文件，取名为 test.py 实现打印九九乘法表，如图 16-6 所示。

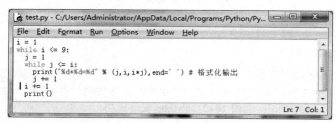

图 16-6　九九乘法表程序

运行结果如图 16-7 所示。

图 16-7　九九乘法表运行结果

登录程序，有三次输入账号、密码的机会，错误三次账号锁定，如图 16-8 所示。

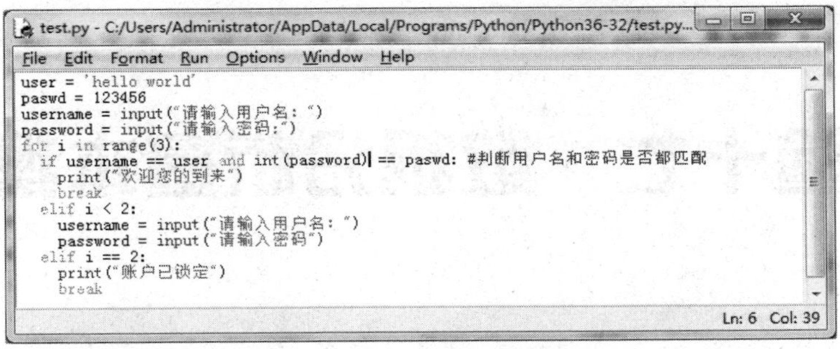

图 16-8　登录程序代码

运行结果如图 16-9 所示。

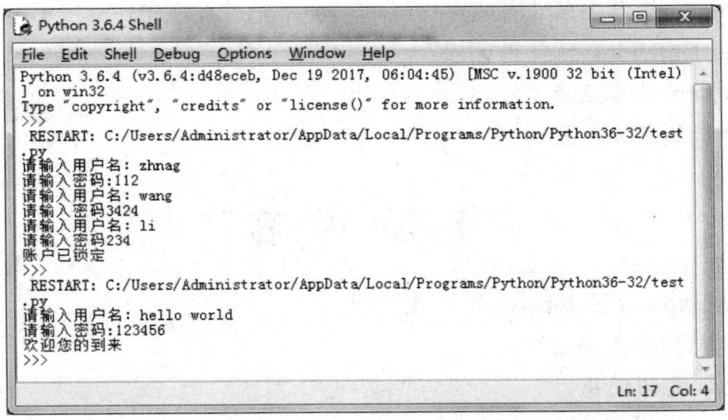

图 16-9　登录程序验证

实 训 项 目

【实训 16-1】针对现有电脑，下载并安装 Python。

【实训 16-2】在 Python 的 Idle 环境中给两变量赋初值，并输出两个数的乘积。

【实训 16-3】利用文本编辑器，编写文件 test.py，实现输入一个整数 N 的值，输出 1+2+3+⋯ +N 的和。并且在 Python 环境中，调试程序并运行。

思考与练习

① Python 在 32 位和 64 位操作系统中的安装方法有何异同？

② Python 程序的运行方式哪些？常见的集成编译环境有哪些？

③ 面向对象和面向过程程序设计有何异同，分别各自的代表高级程序语言有哪些？

④ Python 高级程序语言的主要应用领域有哪些？

实验十七　数据分析基本操作

实 验 目 的

① 掌握 Anaconda 基本安装设置。
② 掌握 Jupyter Notebook 的使用方法。
③ 掌握数据分析的基本函数。
④ 掌握数据分析的基本绘图方法。

实 验 内 容

① Anaconda 和 Jupyter Notebook 的安装使用。
② 数据导入方法和基本描述方法。
③ 数据基本统计量的使用。
④ 利用 Pandas 绘制常见数据图形。

实 验 案 例

在数据分析的基本操作中，本书推荐和使用的是一款用于数据分析的软件 Anaconda。如图 17-1 所示，登录网址 www.anaconda.com 后，单击右上方的 Download 按钮进入下载页面。

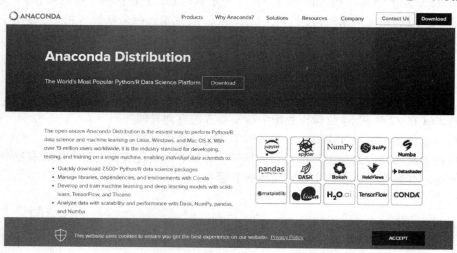

图 17-1　Anaconda 主页

如图 17-2 所示，在 Anaconda 下载页面中，建议下载 Python 3.X 版本（如图 17-2 中的 3.7 版本）。

Anaconda 是 Python 的开源版本，其包含了 Numpy、Pandas、Matplotlib 等诸多科学计算包。安装完成后，在 Windows 系统菜单和桌面上会生成相应的快捷方式。

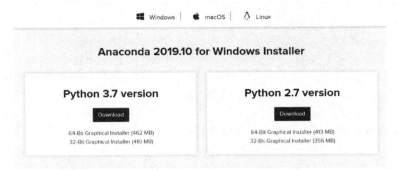

图 17-2　Anaconda 下载页面

单击桌面 Anaconda Navigator 绿色快捷方式图标后，则进入 Anaconda 提供的众多操作平台，如图 17-3 所示。

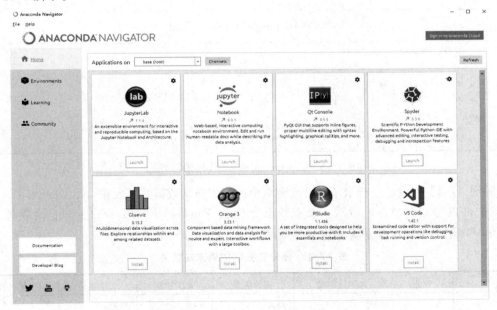

图 17-3　Anaconda Navigator 界面

在进行数据分析计算和结果展示中，推荐使用 Anaconda 提供的 Jupyter Notebook，其特点是采用 Web 页面的形式进行代码编辑和运行结果展示。单击图 17-3 中 Jupyter Notebook 下方的 Launch 按钮，启动 Jupyter Notebook 程序，开启后的 Jupyter Notebook 界面如图 17-4 所示。

Jupyter Notebook 通过操作系统中默认的浏览器打开，其外观类似于一个 Web 页面，支持实时代码和代码所生成的图像，也便于文档共享。单击图 17-4 中右上方的 New 选项后，单击 Python3 选项，进入 Jupyter Notebook 的代码编辑页面，如图 17-5 所示。在图 17-5 中的 "in[]:" 后进行代码的编辑，当代码编辑完毕后单击上方的 "运行" 按钮运行程序（或者单击上方 Cell

下拉菜单中的 Run Cell 选项），也可以单击上方左侧的"保存"按钮进行代码和运行结果的保存。

图 17-4　Jupyter Notebook 界面

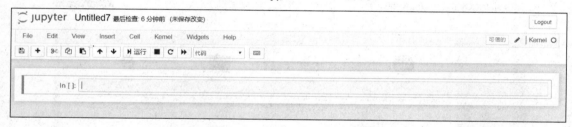

图 17-5　Jupyter Notebook 代码编辑界面

【案例 17-1】假设已经选取了部分专业学生的期末成绩数据并存放在"stuscore.xlsx"文件中，该文件内容如表 17-1 所示。加载数据分析包 Pandas 并应用 read_excel 函数将文件 stuscore.xlsx 中的部分专业学生期末成绩数据进行导入。

表 17-1　部分专业学生期末成绩表

学号	专业	大学计算机	高等数学	大学物理	大学英语	大学体育
201901001	飞行	84.2	88.4	83.0	55.0	优
201901002	飞行	85.6	89.4	96.3	55.0	良
201901003	飞行	88.6	91.6	67.6	67.0	良
201901004	飞行	79.5	85.0	86.1	61.0	中
201901005	飞行	68.0	76.5	80.7	54.0	差
201901006	飞行	94.6	96.0	84.9	65.0	优
201901007	飞行	76.1	82.5	60.7	49.0	良
201901008	空管	78.1	83.9	85.9	57.0	差

学号	专业	大学计算机	高等数学	大学物理	大学英语	大学体育
201901009	空管	90.1	92.7	98.9	55.0	差
201901010	空管	33.2	51.0	80.0	52.0	中
201901011	空管	93.5	95.2	95.4	72.0	差
201901012	空管	96.8	97.7	96.1	84.0	优
201901013	空管	94.6	96.0	88.6	84.0	良
201901014	气象	89.1	92.0	92.5	76.0	良
201901015	气象	87.5	90.8	89.2	64.0	中
201901016	气象	71.9	79.4	86.6	44.0	中
201901017	气象	65.5	74.7	78.5	58.0	优
201901018	气象	91.1	93.5	93.0	60.0	差
201901019	气象	77.7	83.6	89.1	57.0	差
201901020	气象	73.2	80.3	52.0	65.0	中
201901021	适航	73.3	80.4	77.0	61.0	差
201901022	适航	65.2	74.5	76.7	52.0	良
201901023	适航	68.9	77.2	57.5	47.0	中
201901024	适航	61.8	72.0	87.7	61.0	差
201901025	适航	93.0	94.9	94.5	70.0	优
201901026	适航	90.6	93.1	94.0	89.0	中
201901027	适航	44.6	59.4	79.6	54.0	良
201901028	电子	79.2	84.7	83.6	50.0	良
201901029	电子	92.7	94.6	94.1	55.0	差
201901030	电子	67.3	76.0	87.0	48.0	差
201901031	电子	89.8	92.5	90.2	54.0	良
201901032	电子	86.8	90.3	80.7	72.0	中
201901033	电子	84.6	88.7	94.3	74.0	差
201901034	无人机	90.4	93.0	86.3	63.0	中
201901035	无人机	89.5	92.3	86.8	45.0	中
201901036	无人机	98.8	99.1	89.5	51.0	优
201901037	无人机	81.7	86.6	88.4	74.0	差
201901038	无人机	90.6	93.1	90.6	67.0	差
201901039	无人机	78.5	84.2	96.7	52.0	中
201901040	无人机	91.9	94.1	100.0	56.0	差

　　Pandas 是 Python 的一个数据分析包，其名称来源于面板数据（Panel Data）和 Python 数据分析（Data Analysis）。在 Jupyter Notebook 代码编辑界面输入以下代码（#和其后面的文字为注释部分，可以不输入）。

```
import pandas as pd  #加载数据分析包
SSdata=pd.read_excel('D:\\stuscore.xlsx')  #读取 D 盘根目录下的相应文件
```

```
SSdata   #显示文件内容
```

在上述代码第 2 行中，应用 Pandas 中的 Read_excel 函数将制定文件进行读取，并将文件内容存入 SSdata 中。单击"运行"按钮后，如程序正常无错误，则 SSdata 中的内容显示如图 17-6 所示。

	学号	专业	大学计算机	高等数学	大学物理	大学英语	大学体育
0	201901001	飞行	84.2	88.413333	83.0	55	优
1	201901002	飞行	85.6	89.440000	96.3	55	良
2	201901003	飞行	88.6	91.640000	67.6	67	良
3	201901004	飞行	79.5	84.966667	86.1	61	中
4	201901005	飞行	68.0	76.533333	80.7	54	差
5	201901006	飞行	94.6	96.040000	84.9	65	优
6	201901007	飞行	76.1	82.473333	60.7	49	良
7	201901008	空管	78.1	83.940000	85.9	57	差
8	201901009	空管	90.1	92.740000	98.9	55	差
9	201901010	空管	33.2	51.013333	80.0	52	中
10	201901011	空管	93.5	95.233333	95.4	72	差

图 17-6　案例 17-1 部分显示结果

【案例 17-2】应用 Describe 函数对 SSdata 中的数据进行基本描述。

Python 提供了诸多函数用以分析各类数据，其中 Describe 函数可以直接给出数据的一些基本的统计量，包括均值，标准差，最大值，最小值，分位数等。代码如下：

```
SSdata.describe( )
```

运行结果如图 17-7 所示。

	学号	大学计算机	高等数学	大学物理	大学英语
count	4.000000e+01	40.000000	40.000000	40.000000	40.000000
mean	2.019010e+08	80.952500	86.031833	85.507500	60.725000
std	1.169045e+01	13.934811	10.218862	10.782022	10.998805
min	2.019010e+08	33.200000	51.013333	52.000000	44.000000
25%	2.019010e+08	73.275000	80.401667	80.700000	53.500000
50%	2.019010e+08	85.100000	89.073333	87.350000	57.500000
75%	2.019010e+08	90.600000	93.106667	93.250000	67.000000
max	2.019010e+08	98.800000	99.120000	100.000000	89.000000

图 17-7　SSdata 中字段数据基本统计量

也可以对 SSdata 中的部分数据列应用 Describe 函数，代码如下：

```
SSdata[['大学计算机','高等数学','大学物理']].describe()
```

运行结果如图 17-8 所示。

	大学计算机	高等数学	大学物理
count	40.000000	40.000000	40.000000
mean	80.952500	86.031833	85.507500
std	13.934811	10.218862	10.782022
min	33.200000	51.013333	52.000000
25%	73.275000	80.401667	80.700000
50%	85.100000	89.073333	87.350000
75%	90.600000	93.106667	93.250000
max	98.800000	99.120000	100.000000

图 17-8　SSdata 中部分字段数据基本统计量

在图 17-7 和 17-8 中，变量 count 统计每一个字段的数量，mean 为平均值，std 标准差，min 为最小值，max 为最大值，25%、50%、75%分别为第 1 分位数、第 2 分位数和第 3 分位数。

也可以使用 Python 中的 Value.counts 函数计算数据频数，代码如下：

```
S1=SSdata.专业.value_counts(); S1
```

运行结果如图 17-9 所示。

```
无人机  7
飞行    7
气象    7
适航    7
电子    6
空管    6
Name: 专业, dtype: int64
```

图 17-9　Value.counts 函数计算数据频数

【案例 17-3】计算部分专业学生期末成绩表中大学计算机成绩的均值、中位数、极差、方差和标准差。

代码分别如下：

```
SSdata.大学计算机.mean()  #求均值
SSdata.大学计算机.median() #求中位数
SSdata.大学计算机.max()-SSdata.大学计算机.min() #求极差
SSdata.大学计算机.var() #求方差
SSdata.大学计算机.std() #求标准差
```

【案例 17-4】计利用 Pandas 中的绘图功能，绘制部分专业学生期末成绩表中高等数学的折线图和直方图。

在 Pandas 绘图中，将数据中的每一列作为一个图线绘制到每一张图中，程序代码分别如下：

```
SSdata.高等数学.plot(kind='line')   #line 为折线图
SSdata.高等数学.plot(kind='hist')   #hist 为直方图
```

运行结果分别如图 17-10 和 17-11 所示。

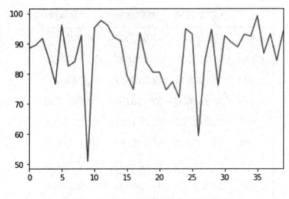

图 17-10　高等数学成绩折线图

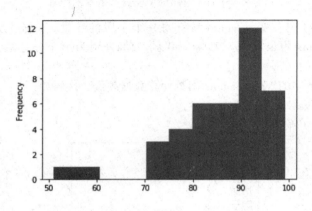

图 17-11　高等数学成绩直方图

当需要将多个数据列同时绘制时，可以 subplots 等参数。例如，将大学计算机、大学物理和大学英语同时绘制，代码如下：

```
SSdata[['大学计算机','大学物理','大学英语']].plot(subplots=True, layout=(1,3),
kind='box')    #layout 为图片布局方式，box 为箱线图
```

运行结果如图 17-12 所示

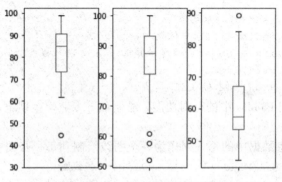

图 17-12　3 门课程成绩箱线图

【案例 17-5】利用 Cut 函数和 Value_counts 函数将部分专业学生期末成绩表中的大学计算

机成绩分为（0,59）、（59,79）以及（79,100）三组后统计每组的取值并绘制成垂直条图。

代码如下：

```
pd.cut(SSdata.大学计算机, bins=[0,59,79,100]).value_counts().plot
(kind='bar')
```

运行结果如图 17-13 所示。

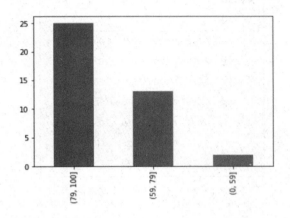

图 17-13　分组统计垂直条图

【案例 17-6】利用 Crosstab 函数将部分专业学生期末成绩表中的专业和大学物理整理成二维表并绘图，如图 17-14 所示。

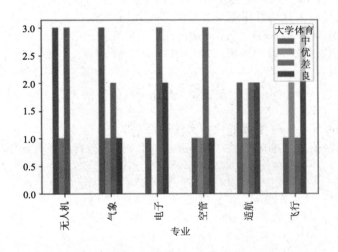

图 17-14　分组统计垂直条图

相关代码如下：

```
import matplotlib        #需要修改字体，否则会出现显示错误
matplotlib.pyplot.rcParams['font.sans-serif']=['KaiTi']     #同上
pd.crosstab(SSdata.专业, SSdata.大学体育 ).plot(kind='bar')
```

运行结果如图 17-14 所示。

当需要计算本案例中的边缘概率时，代码修改如下：

```
pd.crosstab(SSdata.专业, SSdata.大学体育, margins=True, normalize='all'
).round(3)    # round(3)为取3位小数
```

运行结果如图 17-15 所示。

大学体育 专业	中	优	差	良	All
无人机	0.075	0.025	0.075	0.000	0.175
气象	0.075	0.025	0.050	0.025	0.175
电子	0.025	0.000	0.075	0.050	0.150
空管	0.025	0.025	0.075	0.025	0.150
适航	0.050	0.025	0.050	0.050	0.175
飞行	0.025	0.050	0.025	0.075	0.175
All	0.275	0.150	0.350	0.225	1.000

图 17-15 分组统计垂直条图

实 训 项 目

【实训 17-1】在绘图中应用 'line'、'bar'、'barh'、'hist'、'box'、'kde'、'area'、'pie'、以及 'scatter' 等不同绘图图线参数改变绘图效果。

【实训 17-2】运行以下代码并根据运行结果理解代码含义。

```
S1=SSdata['大学体育'].value_counts();S1
pd.DataFrame({'频数':S1,'频率': S1/S1.sum()*100})
```

思考与练习

① 如何将 Jupyter Notebook 生成的代码文件进行共享？

② 将 normalize 赋值成 'index' 或 'columns' 后，代码运行结果有何不同？

实验十八 人工智能算法基本操作

实 验 目 的

① 掌握人工智能的基本概念。
② 掌握机器学习的主要思想和基本步骤。
③ 掌握用分类算法解决识别事物的能力。
④ 掌握数据可视化的基本操作。

实 验 内 容

① Python 实验环境的搭建和基本操作。
② 鸢尾花数据集的可视化操作。
③ 训练集和测试集的划分。
④ 利用 K-近邻算法识别鸢尾花。

实 验 案 例

鸢尾花（拉丁学名：Iris L.），单子叶植物纲，百合目，鸢尾科多年生草本植物。鸢尾花鲜艳美丽，叶片青翠碧绿，观赏价值很高，是常见的庭院绿化植物。全世界总共有 300 多个品种，常见的有变色鸢尾（Iris Versicolor）、山鸢尾（Iris Setosa）和维吉尼亚鸢尾（Iris Virginica）三种类型，如图 18-1 所示。

变色鸢尾　　　　　　山鸢尾　　　　　　维吉尼亚鸢尾

图 18-1　变色鸢尾、山鸢尾和维吉尼亚鸢尾

虽然这三种鸢尾花的形状和颜色比较相似，但它们有着不同的花瓣（Petal）和花萼（Sepal）长度及宽度。20 世纪 30 年代，植物学家 Edgar Anderson 在加拿大加斯帕半岛上，针对这三类

鸢尾花，分别测量了它们的花瓣和花萼，构建了总计 150 条记录的数据集，如表 18-1 所示。在此基础上，可以通过机器学习算法构建一个简单的人工智能系统，像人一样识别鸢尾花的类型。

表 18-1 鸢尾花数据集

花萼长度(cm)	花萼宽度(cm)	花瓣长度(cm)	花瓣宽度(cm)	鸢尾类别
7	3.2	4.7	1.4	变色鸢尾
6.4	3.2	4.5	1.5	变色鸢尾
5.1	3.5	1.4	0.2	山鸢尾
4.9	3	1.4	0.2	山鸢尾
6.3	3.3	6	2.5	维吉尼亚鸢尾
5.8	2.7	5.1	1.9	维吉尼亚鸢尾
……	……	……	……	……

【案例 18-1】人工智能实验环境的搭建。

（1）安装 Anaconda。

① 双击 Anaconda 安装程序。请注意 Anaconda 分别有 32 位和 64 位版本。本文以 32 位版本的安装过程为例，如图 18-2 所示。

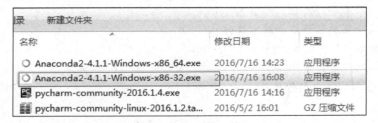

图 18-2 双击 Anaconda 安装程序

② 打开对话框界面后，单击【Next】按钮，如图 18-3 所示。

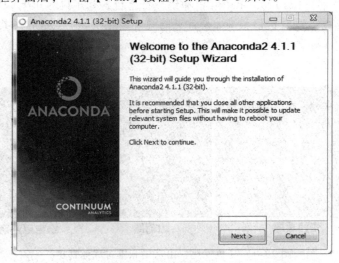

图 18-3 Anaconda 安装界面（第一步）

③ 在弹出的对话框中单击【I Agree】按钮，如图 18-4 所示。

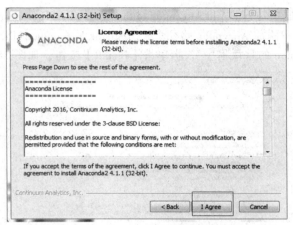

图 18-4　Anaconda 安装界面（第二步）

④ 在弹出的对话框下选中 All Users 单选按钮（这是个默认选项），再单击【Next】按钮，如图 18-5 所示。

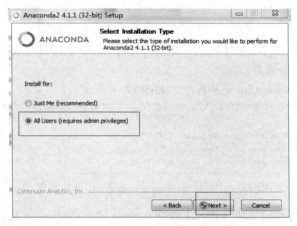

图 18-5　Anaconda 安装界面（第三步）

⑤ 在弹出的对话框下设置安装目录，然后再单击【Next】按钮，如图 18-6 所示。

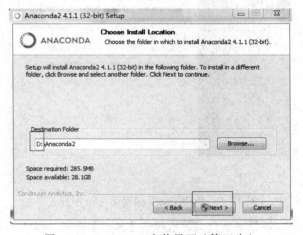

图 18-6　Anaconda 安装界面（第四步）

⑥ 在弹出的对话框中勾选"Add Anaconda to the system PATH environment variable"复选框（在系统环境变量 path 中添加 Anaconda 路径）和"Register Anaconda as the system Python 2.7"（将 Anaconda 作为打开 Python 的默认程序），再单击【Install】按钮，如图 18-7 所示。

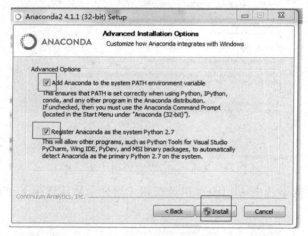

图 18-7　Anaconda 安装界面（第五步）

⑦ 安装完成后，单击【Next】按钮，最后单击【Finish】按钮完成 Anaconda 的安装。

（2）安装 PyCharm 编辑器。

① 双击 pycharm-community 安装程序，如图 18-8 所示。

图 18-8　双击 pycharm-community 安装程序

② 打开对话框界面后，单击【Next】按钮，如图 18-9 所示。

图 18-9　PyCharm 安装界面（第一步）

③ 在弹出的对话框中设置安装目录，再单击【Next】按钮，如图 18-10 所示。

图 18-10　PyCharm 安装界面（第二步）

④ 在弹出的对话框中勾选"桌面创建图标"和"创建与.py 文件联系"复选框，并单击【Next】按钮，如图 18-11 所示。

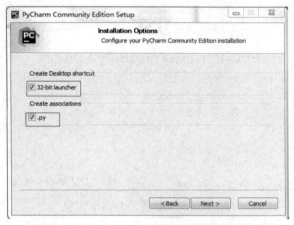

图 18-11　PyCharm 安装界面（第三步）

⑤ 在弹出的对话框中单击【Install】按钮。待安装进度完成后，单击【Finish】按钮，如图 18-12 所示。

图 18-12　PyCharm 安装界面（第四步）

（3）配置 PyCharm 编辑器。

① 初次安装后，打开 PyCharm 编辑器，默认选择最后一个选项，单击【OK】按钮，如图 18-13 所示。

图 18-13　配置 PyCharm

② 在弹出的对话框中创建一个新的 Python 工程，如图 18-14 所示。

图 18-14　创建新的 Python 工程

③ 在弹出的对话框中设置工作目录。注意 Python 解释器的位置应为 Anaconda 的安装目录，如图 18-15 所示。

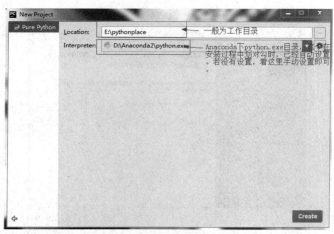

图 18-15　设置 Python 工作目录和解释器

④ Updating Skeletons 运行完单击【Close】按钮即可，如图 18-16 所示。

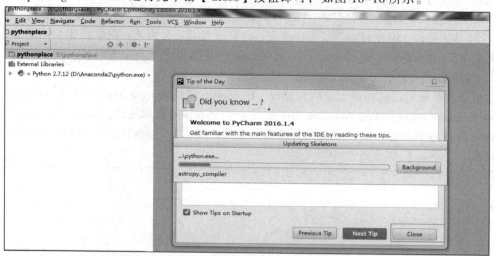

图 18-16　Updating Skeletons

⑤ 右击 pythonplace 项目，新建一个 Python File，命名为 iris.py，如图 18-17 所示。

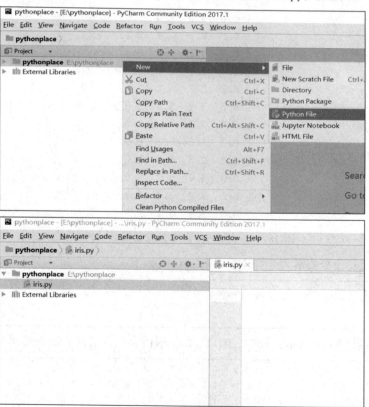

图 18-17　新建 Python 文件 iris.py

⑥ 至此，人工智能系统的开发环境已经搭建完毕。这时可以在右侧 iris.py 的界面中编译 Python 代码了。

【案例 18-2】鸢尾花特征数据的可视化。

如前文所述,该数据集共包括三个品种的鸢尾花(setosa, versicolor, virginica),每个品种各有 50 个样本,总计 150 个样本。每个样本有 4 个特征变量,分别是:花萼长度(Sepal.Length)、花萼宽度(Sepal.Width)、花瓣长度(Petal.Length)、花瓣宽度(Petal.Width)。

① 获取鸢尾花数据。

鸢尾花数据集可以从加州大学欧文分校(University of California, Irvine)的网站下载,地址为 https://archive.ics.uci.edu/ml/datasets/Iris 。另一个更方便的获取途径,是直接用 import 命令,从 Python 的机器学习包 scikit-learn 中导入该数据集。导入后,我们可以用 Print 命令查看数据集的内容。代码如下:

```
#coding=utf-8
from sklearn.datasets import load_iris
irisdata = load_iris()
print(irisdata.data)
```

运行结果如图 18-18 所示。每一行代表一个样本。这四列数据分别是:花萼长度、花萼宽度、花瓣长度、花瓣宽度。

```
[ 6.0  3.0  4.8  1.8]
[ 6.9  3.1  5.4  2.1]
[ 6.7  3.1  5.6  2.4]
[ 6.9  3.1  5.1  2.3]
[ 5.8  2.7  5.1  1.9]
[ 6.8  3.2  5.9  2.3]
[ 6.7  3.3  5.7  2.5]
[ 6.7  3.0  5.2  2.3]
[ 6.3  2.5  5.0  1.9]
[ 6.5  3.0  5.2  2.0]
[ 6.2  3.4  5.4  2.3]
[ 5.9  3.0  5.1  1.8]]
```

图 18-18　用 Print 命令查看数据集的内容

还可以用 Print 命令查看每个样本的品种,代码如下:

```
print(irisdata.target)
```

运行结果如图 18-19 所示。其中,0、1、2 分别代表:山鸢尾、变色鸢尾和维吉尼亚鸢尾。

```
[0 0 0 0 0 0 0 0 0 0 0 0 0 0 0 0 0 0 0 0 0 0 0 0 0 0 0 0 0 0 0 0 0 0 0 0 0
 0 0 0 0 0 0 0 0 0 0 0 0 0 1 1 1 1 1 1 1 1 1 1 1 1 1 1 1 1 1 1 1 1 1 1 1 1
 1 1 1 1 1 1 1 1 1 1 1 1 1 1 1 1 1 1 1 1 1 1 2 2 2 2 2 2 2 2 2 2 2
 2 2 2 2 2 2 2 2 2 2 2 2 2 2 2 2 2 2 2 2 2 2 2 2 2 2 2 2 2 2 2 2 2 2 2 2
 2 2]
```

图 18-19　用 Print 命令查看样本的品种

② 鸢尾花数据的可视化。

用 Print 命令查看到的数据内容虽然详细，但是比较烦琐和枯燥，也无法直接看出各样本数据之间的联系和区别。为此，我们可以借助图形化手段，利用散点图表示数据，从视觉角度来展示样本之间的分布关系。具体代码如下：

```
from sklearn.datasets import load_iris
irisdata = load_iris()
import pandas as pd
pd.DataFrame(data=irisdata.data,
columns=irisdata.feature_names)
import matplotlib.pyplot as plt
plt.style.use('ggplot')
X = irisdata.data
y = irisdata.target
features = irisdata.feature_names
targets = irisdata.target_names
plt.figure(figsize=(10, 4))
plt.plot(X[:, 2][y==0], X[:, 3][y==0], 'bs', label=targets[0])
plt.plot(X[:, 2][y==1], X[:, 3][y==1], 'kx', label=targets[1])
plt.plot(X[:, 2][y==2], X[:, 3][y==2], 'ro', label=targets[2])
plt.xlabel(features[2])
plt.ylabel(features[3])
plt.title('Iris Data Set')
plt.legend()
plt.show()
```

运行结果如图 18-20 所示。鸢尾花的三个品种分别用不同的符号表示。图中只展示了每个样本的两个特征：花萼长度和花萼宽度。可以看到，三个品种的特征分布都有比较明显的区别。这就为我们后续采用人工智能算法，自动识别这些花儿打下了基础。

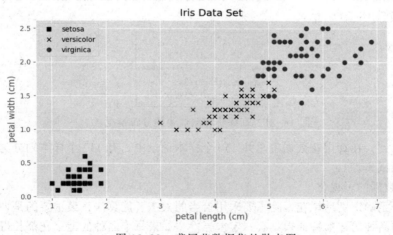

图 18-20　鸢尾花数据集的散点图

【**案例 18-3**】训练集和测试集的划分。

人类之所以能够识别鸢尾花，是因为我们具备"学习"的能力。也就是说，人类通过不断的实践和知识传授，可以形成有效的经验积累，自然能够做出明智的决策。同样的，要让计算机识别鸢尾花，必须先将已知数据作为素材，通过"训练"的方法让计算机逐步找到数据中蕴藏的规则，从而形成判断能力。随后，当计算机面对新数据时就能够根据这些规则做出正确的判断。

为此，我们首先需要将鸢尾花的数据集划分为两个部分：训练集和测试集。训练集的数据用于训练计算机，使之具备识别能力。而测试集的数据，用于评价计算机的识别能力是否准确，是否靠谱。需要注意的是，训练集和测试集所包含的数据是互不相交的。

① 划分鸢尾花数据集。

代码如下：

```
from sklearn.model_selection import train_test_split
X_train,X_test,y_train,y_test =\ train_test_split(iris_dataset
['data'],iris_dataset['target'],\
test_size=0.25,random_state=0)
```

代码中，函数 Train_test_split 用于划分数据集。第一个参数 iris_dataset['data']表示被划分的数据，第二个参数 iris_dataset['target']表示数据的类别，第三个参数 test_size=0.25 表示测试集所占的比例（即 75%属于训练集，25%数据测试集），第四个参数 random_state=0 确保无论这条代码运行多少次，产生出来的训练集和测试集都是一模一样的，以减少不必要的影响。

② 观察训练集和测试集。

待数据集划分完毕以后，我们可以用 Print 命令查看数据的分布情况。代码如下：

```
print('shape of X_train:{}'.format(X_train.shape))
print('shape of y_train:{}'.format(y_train.shape))
print('='*32)
print('shape of X_test:{}'.format(X_test.shape))
print('shape of y_test:{}'.format(y_test.shape))
```

运行结果如图 18-21 所示。

```
shape of X_train:(112L, 4L)
shape of y_train:(112L,)
================================
shape of X_test:(38L, 4L)
shape of y_test:(38L,)
```

图 18-21 训练集和测试集的分布情况

我们可以看到，在鸢尾花数据集总共 150 个样本记录中，有 112 个样本划分为训练集，38 个样本划分为测试集。

③ 训练集数据的可视化。

计算机能否正确识别鸢尾花，除了要采用恰当的人工智能算法，最重要的是训练集的数据可分，即，不同品种的样本特征须具有一定差异性。如果每个品种的鸢尾花都长得很相似，那再厉害的算法都没办法识别了。

在前文图 18-20 中，我们比较了鸢尾花花萼的长度和宽度，三个品种的花萼特征区别明显。考虑到散点图仅能对两个特征进行比较，为了更好地观察数据，可以将多个特征分别两两进行对比，代码如下：

```
iris_dataframe = pd.DataFrame(X_train,columns=iris_dataset.feature_names)
grr = pd.scatter_matrix(iris_dataframe,c=y_train,figsize=(15,15),\
marker='o',hist_kwds={'bins':20},s=60,alpha=.8)
plt.show()plt.show()
```

运行结果如图 18-22 所示。

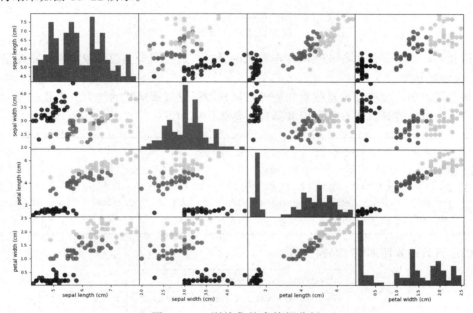

图 18-22　训练集的多特征分析

就图 18-22 中的多特征分析来看，训练集的特征都是可以明显区别的，具备了通过计算机识别的基础。

【案例 18-4】利用 K-近邻算法识别鸢尾花。

我们通过 K-近邻（KNN）算法逐一计算训练集中的每个样本，最终会自动生成一个分类模型，也就是得到了鸢尾花三个品种在特征上的划分依据。有了这个分类模型，计算机就可以识别新的鸢尾花的品种了。在本书主教材的第八章 8.2.3 节中，详细介绍了 K-近邻（KNN）算法的主要内容。主要的实现流程包括：训练模型、评估模型和识别新样本三个步骤。

① 训练模型。

关于 KNN 算法，在 Python 的机器学习包 Scikit-learn 中已经实现，我们用 Import 命令直接导入即可，然后用 Fix 命令训练测试集。具体代码如下：

```
from sklearn.neighbors import KNeighborsClassifier
knn = KNeighborsClassifier(n_neighbors=1)
knn.fit(X_train,y_train)
```

② 评估模型。

KNN 训练完成以后，我们得到了分类模型。这个模型是否靠谱？我们需要采用测试集对其准确率进行验证，代码如下：

```
y_pred = knn.predict(X_test)
print('Test Set Score:{:.2f}'.format(np.mean(y_test == y_pred)))
```

运行后的界面图 18-23 所示。

```
Test Set Score:0.97
```

图 18-23　用测试集验证分类模型的准确率

成绩 0.97，表示测试集有 97% 的样本被正确分类。这说明分类模型很准确、很靠谱！

③ 识别新样本。

得到了靠谱的分类模型，也就意味着计算机具备了识别鸢尾花的能力。当我们输入新的样本数据，就可以通过计算机自动判定其品种。具体代码如下：

```
X_new = np.array([[5,2.9,1,0.2]])
result = knn.predict(X_new)
print('Prediction:{}'.format(result))
print('Predicted target name:{}'.format(iris_dataset['target_names']
[result]))
```

代码运行后的界面如图 18-24 所示。

```
Prediction:[0]
Predicted target name:['setosa']
```

图 18-24　自动识别新的鸢尾花样本

我们输入了新样本（5,2.9,1,0.2），计算机自动识别该样本为 setosa 品种，也就是山鸢尾。

实 训 项 目

【实训 18-1】参考案例 18-1，根据花瓣的长度和宽度，画出鸢尾花的散点图。

【实训 18-2】参考案例 18-2，修改 test_size 的数值以调整训练集和测试集的比率，考察最终识别效果是否会受影响。

【实训 18-3】参考案例 18-3，输入任意新的样本数据，考察算法的识别效果。

思考与练习

① 除了散点图以外，是否还有其他形式能表达鸢尾花的特征关系？

② 除了 K-近邻算法以外，是否还有其他分类算法可以识别鸢尾花？